Introduction of Mathematical Teaching Method for High School

中等数学科教育法序論

黒田恭史
Yasufumi Kuroda
[編著]

共立出版

はじめに

　本書は，中・高等学校の数学教員を目指す学生を対象に，「中等数学科教育法」科目用のテキストとして共立出版より出版し，大学での教員養成に寄与することを目的とする。併せて，現職の数学教員にも購読いただき，日々の授業内容の創意工夫に活かしていただきたいと考えている。

　ところで，これまでにも大学で学ぶ数学の内容と，中・高等学校での数学の内容の間の隔たりが大きいことが問題視されてきており，大学で学んだ数学を中・高等学校の数学教育に活かしたり，双方の関連性を踏まえた指導の工夫をしたりするといったことに課題が見られた。そこで，本書では，できる限り大学と中・高等学校の内容の橋渡しすることを意図して解説するようにした。具体的には，大学の数学にも触れた上で，中・高等学校の数学を捉え直し，その教育的意義を解説するように心がけた。また，最新の学習指導要領及び解説書の内容は踏まえるものの，それらの文章の重複や，図版の転用は極力行わず，最新の研究成果を取り入れた学術的に価値を有する書物になるよう工夫した。

　以下，本書の部構成，及び各章で扱っている内容の概略と本書の活用の仕方について紹介する。

　本書は2部構成となっており，第一部は数学教育の要点として，数学教育の目標，評価，歴史，ICT活用などについて解説し，第二部は数学教育の内容として，数学の各分野の教育内容について解説している。中等数学科教育法の15回の講義の内，第一部の1～5章は各1講義分（合計5講義分）に対応し，第二部の6～10章は各2講義分（合計10講義分）に対応して指導ができるように執筆している。もちろん，指導される先生の工夫に応じて，各章の取り扱いの強弱を付けていただければと考える。

　第1章では，数学教育学と数学教育の目標について論じている。数学教育学は，これまでの数学教育の研究成果を集約・体系化したものであり，数学教育

の目標は，数学教育学の成果を踏まえ，未来の望ましい社会を形作ることのできる能力の育成に向けて設定がなされる。

第2章では，日本の江戸時代以降の数学教育史について論じている。日本の数学教育の歴史は，社会の要請や外国の教育政策の影響を受けながら進展してきた。歴史を学ぶ意義は，史実を網羅的に捉えることではなく，史実に至った社会的背景や当時の政策立案者の願いなどを汲み取り，その因果関係に想いを馳せることにある。そのことにより，現在，実施されている教育政策の未来の姿を推測することが可能になる。

第3章では，評価と学力調査の問題について論じている。学習者を評価する上では，様々な種別の評価方法があり，その特徴も異なる。各評価方法の重視すべき点とともに，目的に応じて適切な評価方法を選択することの重要性を論じている。続いて，この間の国内外での学力調査の特徴やその結果について解説するとともに，学力調査が学校現場に及ぼす功罪についても言及している。

第4章では，ICT を用いた数学教育の可能性について論じている。1970年代後半からのマイクロコンピュータの普及により，学校現場においても，生徒の数学理解を促進させることや，ソフトウェアを用いることで新たな数学の内容を扱うことが可能になるなど，数学教育のフィールドを拡げることになった。また，近年では不登校や外国人生徒の学習支援が大きな課題となっており，ICT の活用がその克服の一助になることを解説している。

第5章では，近年，世界的に注目が高まってきている STEAM 教育について論じている。STEAM とは，科学（Science），技術（Technology），工学（Engineering），芸術（Art / Arts），数学（Mathematics）の頭文字をとった教科横断的な教育の名称である。文化的発展と数学教育の関連を考察した「数学の文化史」研究や，社会事象，自然現象などの解決を対象とした「数学的モデリング」研究といった，これまでの数学教育において研究が蓄積されてきた内容との関連の中で，STEAM 教育の今日的な意義について解説している。

第6章では，集合・論理の教育内容について論じている。成人や中学生に対する数学的論理の認識調査の結果をもとに，我が国の数学のカリキュラムでは論理教育が十分ではないこと，すなわち図形の証明の一部での扱いに止まってしまっていることの問題点を指摘している。その上で数学のカリキュラムでの

集合・論理の扱いの歴史的経緯を踏まえ，証明図などを用いた集合・論理教育の可能性に言及している。

第7章では，代数の教育内容について論じている。小学生や中学生の文字や文字式に対する認識調査の結果をもとに，文字や文字式の学習が解を求めるための計算技法の習得に特化してしまっているのではないかと指摘している。そこで，改めて文字の持ついくつかの役割や，文字式の式変形が等式の性質などをもとに成り立っていることなどを，十分に指導の中に取り入れることの提案を行なっている。

第8章では，幾何の教育内容について論じている。中学生の図形に対する認識調査の結果をもとに，図形の基本的な性質，論証，空間図形などの理解が十分でないことを指摘している。そこで，中・高等学校の図形内容の背景となる数学，とりわけ空間図形の内容を詳しく取り上げるとともに，様々な立体の制作活動と論理的な証明を組み合わせた幾何教育のあり方についての提案を行なっている。

第9章では，解析の教育内容について論じている。中学生，高校生，大学生の関数に対する認識調査の結果をもとに，様々な関数の問題を解くことはある程度できるが，独立変数と従属変数や関数の概念といったことについての理解が十分でないことを指摘している。そこで，中・高等学校の関数内容の背景となる数学，とりわけ関数と極限，連続性と微分可能性，不定積分の内容を詳しく取り上げるとともに，中・高等学校での実践例について紹介している。

第10章では，確率・統計の教育内容について論じている。中学生，高校生の確率・統計に対する認識調査の結果をもとに，資料の持つ特徴を正確に捉え，そこから導き出される合理的判断と，その根拠についての適切な表現に課題があることを指摘している。そこで，中・高等学校の確率・統計の背景となる数学を取り上げ，大幅に内容が増加した各学年の新たなカリキュラムについて紹介するとともに，確率・統計の実践例について提案している。

なお，本書を学ぶ際には，単に読み進めるだけでなく，実際にノート等を用いて問題を解くことや，関数電卓やコンピュータなどで検証することが重要である。こうした活動を通して，生徒が数学を学ぶ過程で生じる困難の要因や詳細が明確化されるからである。

最後に，本書の執筆に際し，出版の機会を与えていただいた共立出版㈱潤賀浩明氏，三浦拓馬氏に，この場を借りて感謝の意を表したい。

2022 年 1 月

編　著　者

目　次

第1章

数学教育とは

本章では，数学教育の研究と目標について論じる。第1節では，数学教育の研究分野である数学教育学を概観し，第2節では，数学教育学の成果を踏まえた数学教育の目標について論じることにする。

1.1 数学教育の研究

1.1.1 数学教育学とは

　明治時代以降，よりよい数学教育のあり方を模索すべく，大学等の研究者，学校教員などによって脈々と研究，実践，検証がなされてきた。今日では，そうした数学教育を広範・体系的に研究する学問のことを「数学教育学」と呼ぶ。

　「数学教育学」は現在も多くの研究者や学校教員などの努力によって進展を続けている。横地（1978）は，数学教育学の目的として，「数学教育の実践等に見られる様々な特性や実践結果から，その一般性を見出すこと」にあるとしている。

　さて，ここでいう「一般性を見出す」とはどのような知見を得ることであろうか。これについて横地（1978）は，小学2年生の事例を取り上げ，「①机上の活動だけでなく手足を使っての実際活動が必要なこと，②大人が理解するように分析されたものを先に学んで，その後，それらを組み合わせて総合的に考えるという扱いは適さないこと，③子どもの学びでは，最初に，未熟な分析を土台とする総合的な扱いがなされ，その後，総合を分析し，改めて分析の上に立った総合が

必要であること」を指摘している。

　すなわち，一人ひとりの学習者はそれぞれ異なる成長と，個性の伸長を遂げているが，その中にあって，同一学齢期の学習者に共通的に見られる理解の特性などを抽出・解明し，その特性に応じた数学教育のあり方を科学的手法により模索・検証することを数学教育学では目指すべきであると指摘しているのである。日々の数学の授業といった日常的な教育活動から，新たな教育内容を用いた教育実践，学習者の認識調査，国際的な調査等の調査研究，近年の生体情報計測による研究など多角的な手法を用いながら「一般性」を追究することにこそ，数学教育学の意義があるといえる。

1.1.2　数学教育学の専門分野

　「数学教育学」は，数学教育に関連する様々な内容を包摂し，それらを体系化した学問分野である。横地（2001）は，数学教育学の専門分野には次のようなものがあるとしている。

　　「1. 目標，2. 数学教育史，3. 数学教育と文化，4. 認知と活動，5. 教育内容，6. 教育課程，7. 福祉的問題，8. 学習指導，9. 評価，10. 市民の数学教育，11. 情報機器の発展と数学教育，12. 国際交流と協同学習」

　変化の激しい今日においては，これらの専門分野は次のように発展させていく必要があるだろう。

　　「1. 目標，2. 数学教育史，3. 数学と関連分野（STEAM）の教育，4. 認知と生理学指標，5. 教育内容，6. 教育課程，7. 特別支援・不登校・外国人の子どもの支援，8. 学習指導，9. 教育評価と学力調査，10. 生涯学習としての数学教育，11. ICT の発展と数学教育，12. ハイフレックス学習」

　まず，「3. 数学教育と文化」は，「3. 数学と関連分野（STEAM）の教育」とした。数学教育と文化の研究分野は，数学教育と文化それぞれの関連を重視し，学習者に数学を学ぶ意義や価値を具体的に感じさせること，また，学習した数学を活用して文化的かつ創造的活動につなげていく教育内容の創造などを主な研究の対象としてきた。今日の世界的な潮流において，数学と関連しつつより広範な分野を網羅する STEAM（Science, Technology, Engineering, Art, Mathematics）教

育が求められるようになってきており，数学と様々な分野の内容を連動しながら教育内容の開発と実践を行う研究分野へと発展している。

「4. 認知と活動」は，「4. 認知と生理学指標」とした。近年の生理学データ計測技術の発展は目覚ましく，医学のみならず教育研究にも活用可能となった。行動観察，インタビュー，テストスコアといった方法に加えて，生理学データを組み合わせた新たな研究分野の開拓が始まっている。実際，2021 年 7 月に開催された世界最大の数学教育国際会議である第 14 回 ICME（International Congress on Mathematics Education）の TSG （Topics Study Group）第 21 分科会に，Neuroscience and mathematics education / Cognitive Science（訳：神経科学と数学教育／認知科学）が新たに開設されたことなどからも，その注目度合いの高さがうかがえる。

「7. 福祉的問題」は，「7. 特別支援・不登校・外国人の子どもの支援」とした。以前は，特別支援学級に在籍する障がいのある子どもの学習支援ということが課題であったが，現在では，それらに加えて，通常学級に在籍する特別な支援の必要な子ども，約 15 万人の不登校の子ども，約 5 万人の日本語指導が必要な外国人の子どもへの学習支援が課題となっており，その具体的な解決策が研究課題となっている。

「9. 評価」は「9. 教育評価と学力調査」とした。PISA（Programme for International Student Assessment）や TIMSS（Trends in International Mathematics and Science Study）といった世界的な学力調査，2007 年度より始まった日本での全国学力・学習状況調査など，大規模調査が世界や日本で定期的に実施され，それらの結果を国内外で比較・検討する研究が継続的に行われており，こうした調査自体が研究対象となりつつある。

「10. 市民の数学教育」は「10. 生涯学習としての数学教育」とした。変化の激しい知識基盤社会において，基盤の知識の一つである数学は，時代の変化や要請とともに必要とされる数学の内容も変化・進展する。20 歳までの学校数学の知識の蓄積だけで，次の時代を主体的に生き抜いていく力が身に付くわけではない。生涯を通じて数学を学ぶという社会システムの構築が，今後は重要な視点となろう。

「11. 情報機器の発展と数学教育」と「12. 国際交流と協同学習」は，「11. ICT

の発展と数学教育」としてまとめた。ICT（情報通信技術）の発展，とりわけインターネット環境の飛躍的な発展は，これまでの時空間の概念を大きく変容させ，これまでの場所や時間がもたらす制約を乗り越えることになった。すなわち，異なる地域や国の間が，容易にインターネットでつながったり，オンデマンド型の授業により，非同期な状態で授業が運営されたりするなど，学習者の実態に応じて，いつでも，どこでも，どの段階からでも学びを開始するという環境が可能となったのである。

　このように，数学教育学の扱う分野は，数学の指導法といったものだけにとどまらず，教育内容や教育課程全般，さらには学習者の認知や評価といったことにまで及んでいる。また，近年のICTの発展により，それらを有効に活用した数学教育の試みも積極的に行われている。対象とする学習者も，小学生から大学生までだけでなく，乳幼児や成人，高齢者に至るまでの，幅広い年齢層にまで広まっている。図1.1は，こうした新たな数学教育学の専門分野を，関係性を踏まえ整理した構成図である。

　まず「1. 目標」は，「2. 数学教育史」と時代の要請を踏まえつつ，学習者一人ひとりが未来を主体的に生きることのできる力の育成を目指して設定する。続いて「1. 目標」をもとにして，どのような数学の内容を教えるのかという「5. 教育内容」，各学年で学ぶ数学をどう構成するのかという「6. 教育課程」，どのよう

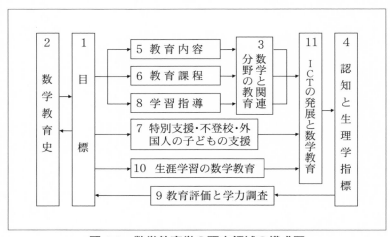

図 1.1　数学教育学の研究領域の構成図

な方法で数学を指導するのかという「8. 学習指導」を決定する。これらは，数学と関連する広範な分野と積極的に融合させる「3. 数学と関連分野の教育」の可能性を探ることにつながる。「7. 特別支援・不登校・外国人の子どもの支援」や「10. 生涯学習の数学教育」も，近年ニーズが高まっており，研究の蓄積が求められている。

また，現在のICTの急速な発展により，「11. ICTの発展と数学教育」の研究分野は，研究成果と教育実践の実績が急速に蓄積されており，数学教育を大きく改善するものとして期待されている。

そして，こうした数学教育の改善の成果は，学習者の「4. 認知と生理学指標」によって詳細に検討されるとともに，「9. 教育評価と学力調査」において，適切に検証されなくてはならない。検証結果は，「1. 目標」を再度検討する際の指標として活用するなど，一連のサイクルのもと，各研究成果が有機的に関連し，総合的な研究へと進展していくことが期待されている。

さらに，横地（2001）は，これらの各専門分野は，以下のような研究領域に細分化され，たとえば，「9. 評価」の専門分野は，以下の研究領域によって構成されるとする。

「(1) 保育園，幼稚園での評価，(2) 小学校での評価，(3) 中等学校での評価，(4) 大学での評価，(5) 学力の評価，(6) 進学試験，(7) 学力の国際比較」

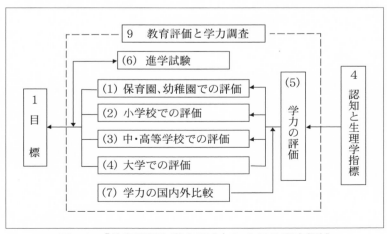

図 1.2　「教育評価と学力調査」における研究領域

図 1.2 は，これらの研究領域を現在的な項目に再設定し，関係性を踏まえ整理した構成図である。

図 1.2 内では，「9. 評価」は「9. 教育評価と学力調査」に，「4. 認知と活動」は「4. 認知と生理学指標」に，「(3) 中等学校での評価」は「(3) 中・高等学校での評価」に，「(7) 学力の国際比較」は「(7) 学力の国内外比較」に再設定している。

「4. 認知と生理学指標」による学習者の特性をもとに，「9. 教育評価と学力調査」が実施されるが，まずは社会的要請などをも踏まえた中で，大枠としての「(5) 学力の評価」が設定される。その後，各年齢段階，発達段階に応じて「(1) 保育園，幼稚園での評価」，「(2) 小学校での評価」，「(3) 中・高等学校での評価」，「(4) 大学での評価」がそれぞれ設定・実施され，その結果は「1. 目標」の妥当性の検証や修正に反映される。

一方，「(6) 進学試験」における入試制度・内容等の変化は，実際の学校現場の授業にも大きな影響を与えることから，両者の良好な関係構築に関する研究も重要となる。さらには，「(7) 学力の国内外比較」においては，PISA や TIMSS といった国際調査，全国学力・学習状況調査といった国内調査なども教育評価に影響を与える要因となることから，広く視野に入れて検討しておく必要がある。

このように，図 1.1 に示した 11 の研究分野は，各研究分野においてさらに研究領域として細分化され，それぞれに研究を深めていく必要がある。

1.1.3　数学教育の研究のすすめ方

(1)　問いの立て方

数学教育の研究は，大学等の研究者だけが担うものではなく，日々の授業実践を行う学校教員も主たる担い手の一員である。

数学教育の研究を推進する上で最も重要なことは，問いをどう立てるかということである。現在指導している数学の内容や授業の方式にはどのような問題点があり，そのことによりどのような学習者が数学から離れていってしまっているのかを冷静に分析し，それを問いとして明文化することができるかどうかがポイントとなる。関数を例にとれば，関数の持つ数学的な性質について，表・式・グラフ等の関係を踏まえながら捉えることが困難であるといったことや，学んでいる

関数が現実事象を解明する糸口になることがイメージできず，関数の式を単に覚えるという作業になってしまっていることなど，問題点を明確化・焦点化することができるかどうかということである。

その意味で，学習者の最前線に立つ学校教員こそが，時代や社会の変遷の中で刻々と変化していく学習者の認識や意識をいち早く察知し，その特性や一般性を解明する重要な手がかりを見出すことが可能となる。

たとえば，ICT の発展によりインターネット上での大量情報の送信，スマートフォンなど一人一台の端末の所持など，15 年前には予想することのできなかった環境の変化が学習者の周辺で生じている。こうした環境の変化は，学習者の数学の認識にも大きく影響を及ぼすことが予想されるからである。

(2) 先行研究の捉え方

研究を開始するにあたって，まずは先行研究（文献）から取り掛かる場合があるが，筆者は問いを先に立てることを勧めるようにしている。確かに先行研究は極めて重要な研究のヒントを与えてくれるが，数学教育の問題点を解明し，それを克服したいという，いわば研究することの源泉を豊かにすることには必ずしもつながらないからである。先行研究（他者）の問題意識に誘発されることは決して悪いことではないが，できるだけ自身の問題意識からスタートすることが重要である。学習者に指導したことのない大学生であっても，学習者として中学校・高等学校数学を学んできた中にあって，自身や周りの学習者の中に，数学から離れていってしまうという学習者の姿は少なからず見てきたと思われる。

こうした自身の体験に基づく問いを立てた上で先行研究を検討すると，自身の問いと，先行研究の問いの相違の輪郭が明確になる。自身の問いが先行研究に見られるものと同じような問いであっても，容易に問いを変更する必要はない。時代や対象が異なれば結論は同じとは限らないし，問いを解決する方法が異なれば，新たな知見が見いだされる可能性があるからである。先に先行研究ありきで研究をスタートさせてしまうと，自身の問いを先行研究のフレームに当てはめて，加工してしまおうとする無意識の傾向もみられるので，注意が必要である。

さて，先行研究には，学会が定期的に発行する学会誌，出版社が刊行する図書・雑誌，また政府や国際機関が発行する学力調査結果などがある。現在では，イン

ターネット上で学会誌等も閲覧可能（有料，無料）になってきており，以前と比較して格段に先行研究にアクセスすることが容易になった。例えば，J-STAGEのホームページサイト（章末に URL 掲載）では，数学教育学会，日本数学教育学会，日本科学教育学会等の学会誌のバックナンバーを無料で閲覧可能であるため，ぜひアクセスしていただきたい。先行研究は，自身の問いを紐解く大きな羅針盤となってくれる可能性もあるため，先行研究での「① 問いの立て方」，「② 解決のための方策」，「③ 新たな知見」が何であるのかをしっかりと整理して解読することが重要である。逆に言えば，この 3 つが曖昧な先行研究に対しては，無批判に内容を受け入れるのではなく，注意深く扱うことが大切である。

(3) 成長する教員・研究する教員

西之園（1981）は，鋳造（ちゅうぞう）と醸造をメタファーとして，教育や教育研究は，醸造の過程に対応するものであると解説している。

鋳造とは，金属を加熱して溶融し，これを目的の形をもたせた鋳型に流し込み，冷却，凝固させて製品をつくることである。高温に熱した金属は，型枠に応じて自在に変形可能であるとともに，同じ形の製品が多数生産されることになる。

一方，醸造とは，微生物による発酵作用を利用して，おもに穀物，果実から酒，みそ，醤油，酢などを造ることである。気温，湿度，天候といった外的な状況が刻々と変化する中で，それぞれの素材の状況を適宜把握し，随時修正が加えられるとともに，年によってその出来具合は変わることになる。

すなわち，数学教育の実践や研究は，科学的手法から導き出された「一般性」に軸足を置きつつも，一人ひとりの学習者の置かれた様々な環境・状況に応じて，教員の経験値による微調整を加えながら継続的に改善に努めなくてはならない。併せて，必ずしも同じ成果が得られるのではなく，そこには個人差が必ず存在することを前提としなくてはならない。

「一般性」に基づき，学習者の学習状況を正確に把握し，日々の指導を改善していく取り組みは，時には既存の「一般性」を問い直す大きな原動力になる可能性を有している。その意味で，学校教員は，日々の授業実践を通して，成長する教員・研究する教員でなくてはならないのである。

1.2 数学教育の目標

1.2.1 学習指導要領における数学教育の目標

　今回の学習指導要領では，中央教育審議会（2016）の答申で示された「より
よい学校教育を通じてよりよい社会を創る」という大目標のもと，「社会に開か
れた教育課程」の実現が強調されることとなった。その具体化に向けては，下記
の6点についての枠組みの改善が目指された。

① 「何ができるようになるか」（育成を目指す資質・能力）

② 「何を学ぶか」（教科等を学ぶ意義と，教科等間・学校段階間のつながりを
　踏まえた教育課程の編成）

③ 「どのように学ぶか」（各教科等の指導計画の作成と実施,学習・指導の改善・
　充実）

④ 「子供一人一人の発達をどのように支援するか」（子供の発達を踏まえた指導）

⑤ 「何が身に付いたか」（学習評価の充実）

⑥ 「実施するために何が必要か」（学習指導要領等の理念を実現するために必
　要な方策）

① 「何ができるようになるか」（育成を目指す資質・能力）については，汎用
的な能力の育成を重視する世界的な潮流を踏まえつつ，知識及び技能と思考力,
判断力，表現力等とをバランスよく育成することが重視されることとなった。ま
た，資質・能力を育むために「主体的な学び」,「対話的な学び」,「深い学び」の
視点で，授業改善に努めることが示された。そして「深い学び」の充実に向けて
は,「どのような視点で物事を捉え，どのような考え方で思考していくのか」と
いう各教科の「見方・考え方」を働かせることが重要であるとした。

　また，② 「何を学ぶか」,③ 「どのように学ぶか」については，ア「何を理解
しているか，何ができるか」,イ「理解していること・できることをどう使うか」,
ウ「どのように社会・世界と関わり，よりよい人生を送るか」の三つの柱から捉
え直し，教育課程と教育方法を整理することが求められた。

　さらに，こうした取り組みの充実に向けては，生徒，教員，地域社会といった

人的・物的資源を適切に活用し，教科等横断的な学習を織り込みながら教育課程を改善し，学習の効果の最大化を図るカリキュラム・マネジメントに努めることが求められたのである。

　ところで，今回の改訂の重要なポイントは，各教科の固有の特性を超えた共通の目標として，上述の「①から⑥」，及び「アからウ」が掲げられていること，また，カリキュラム・マネジメントに謳われている教科間の垣根を下げた教育課程の構成を推奨していることである。すなわち，各教科の目標において，教科毎の独自性を極力抑え，各教科が志向するベクトルを揃え・集約することで最大の学習効果が得られるとの方針のもと，目標が設定されたのである。その結果，各教科の独自性は「見方・考え方」のところに集約して示されることとなった。

　以下では，この観点から，中学校と高等学校の数学の目標について概観する。中学校学習指導要領解説（2018）には，次のように記されている。

　　「数学的な見方・考え方を働かせ，数学的活動を通して，数学的に考える資質・能力を次のとおり育成することを目指す。

　　(1) 数量や図形などについての基礎的な概念や原理・法則などを理解するとともに，事象を数学化したり，数学的に解釈したり，数学的に表現・処理したりする技能を身に付けるようにする。

　　(2) 数学を活用して事象を論理的に考察する力，数量や図形などの性質を見いだし統合的・発展的に考察する力，数学的な表現を用いて事象を簡潔・明瞭・的確に表現する力を養う。

　　(3) 数学的活動の楽しさや数学のよさを実感して粘り強く考え，数学を生活や学習に生かそうとする態度，問題解決の過程を振り返って評価・改善しようとする態度を養う。（p.20）」

　また，高等学校学習指導要領解説（2018）には，次のように記されている。

　　「数学的な見方・考え方を働かせ，数学的活動を通して，数学的に考える資質・能力を次のとおり育成することを目指す。

　　(1) 数学における基本的な概念や原理・法則を体系的に理解するとともに，事象を数学化したり，数学的に解釈したり，数学的に表現・処理したりする技能を身に付けるようにする。

(2) 数学を活用して事象を論理的に考察する力，事象の本質や他の事象との関係を認識し統合的・発展的に考察する力，数学的な表現を用いて事象を簡潔・明瞭・的確に表現する力を養う。

(3) 数学のよさを認識し積極的に数学を活用しようとする態度，粘り強く考え数学的論拠に基づいて判断しようとする態度，問題解決の過程を振り返って考察を深めたり，評価・改善したりしようとする態度や創造性の基礎を養う。(pp. 8-9)」

　ここで，中学校・高等学校の双方の目標の冒頭に出てくる，「数学的な見方・考え方」について改めて確認しておく。中学校では「事象を数量や図形及びそれらの関係などに着目して捉え，論理的，統合的・発展的に考えること（同上。中学校学習指導要領解説，p.7）」，高等学校では，「事象を数量や図形及びそれらの関係などに着目して捉え，論理的，統合的・発展的，体系的に考えること（同上。高等学校学習指導要領解説，p.9）」となっており，高等学校に「体系的」が加わったのみで，その他は同一である。「数量や図形及びそれらの関係」という文言が，集合・論理，代数，幾何，解析，確率・統計などの各分野を指し，「論理的，統合的・発展的，体系的に考える」という文言が，考え方，方針の立て方，整理・分析，構造化などを指すものと捉えることができる。

　こうした数学的な見方・考え方に基づき，数学的に考える資質・能力の育成が次のようになされるとする。なお，ここでは中学校と高等学校の上述の(1)から(3)については，おおよそ同様の内容として捉え分析していくことにする。

　(1)では，数学の概念や原理・法則の理解，事象の数学化・解釈・表現・処理といった技能が述べられており，主に数学の内容の理解や技能の習得に関する事項が記されている。

　(2)では，数学による論理的考察力，事象の本質や関係への考察力，簡潔・明瞭・的確な表現力が述べられており，主に数学を用いて思考を展開していく力や思考の結果を表現する力に関する事項が記されている。

　(3)では，数学活用態度，数学的論拠に基づく判断態度，振り返り・評価・改善態度と，創造性が述べられており，数学やその思考を様々な場面に応用することや自身を客観視することに関する事項が記されている。

このように見ると，(1) はこれまでの数学の目標に示されたものと同様のものが多く，(2) は思考力とともに表現力などが強調される点に特徴があり，(3) は数学と他教科の関連の重視や判断や改善の態度が新たに重視されるようになっていることがわかる。このことは，前述の汎用的な能力の育成を志向した「知識及び技能と思考力，判断力，表現力等をバランスよく育成する」ことの影響が数学の目標に色濃く反映した結果であると捉えることができる。

1.2.2 数学教育研究からの目標

上述した今回の学習指導要領では，汎用的能力の獲得という全人的な能力育成，すなわち知識及び技能と思考力，判断力，表現力等の育成の観点から，見方・考え方といった数学教育の担う役割を切り出す形で目標の設定がなされた。

以下では，数学教育研究の立場から目標を設定することについて解説していく。今回の学習指導要領の改訂が汎用的能力という人間形成の立場から数学教育の目標へと向かったのとは逆に，数学の教育内容や方法に軸足を置いて目標を設定し，そうした数学的能力の向上が，未来を主体的に形作る人間形成にどのような価値や意義を有することにつながるのかについて言及する。なお，今回は 3 名の数学教育研究者の主張を中心に，数学教育の目標について検討する。

(1) 塩野直道による数学教育の目標

第二次世界大戦前，当時文部省図書監修官で，数学教育研究者でもあった塩野（1932）は，数学教育の目標として，「一．数理観念を開発する，二．事実に含まれた数理の把握の能力を与へ喜びを感ぜしむ，三．空間的観察力並びに空間的知識を与へる，四．自然現象並びに社会現象に対する数量的観察力及び知識を与へこれを批判し処理することの指導」の 4 つを掲げている。そして，「一．数理観念」については，人間に本能的にきざす数の観念や計算方法を指し，「二．事実」については，実際に起こる事実のみならず概念的なものも同様に見なすなどと，その詳細についても解説している。

塩野の主張する要点は，数学の基礎となる数，計算，空間，図形，量といった能力の伸長を通して，概念的要素を含めた自然現象並びに社会現象に対する批判的分析能力の育成が重要であり，こうした能力を「数理思想」と名付けたという

ことである。すなわち，数学教育の目標を，架空的・概念的要素を含めた事実に即して数学の内容を指導し，能力の向上が図られれば，自然及び社会的な事象への適用が可能になると考えたわけである。

　ここで注目すべき点は，自然や社会とのかかわりを重視しつつも，数学の系統性に沿った扱いをする上では，架空の事象をも適宜織り合わせながら教育内容を設定する必要があることを指摘した点である。

(2)　遠山啓による数学教育の目標

　第二次世界大戦後，日本の数学教育研究に影響を与えてきた遠山啓は，水道方式による筆算指導の体系化や，折れ線の幾何などの新たな数学教育内容の開拓に取り組んできた。

　遠山（1965）は，塩野の提案した「数理思想の開発」に対しては，大きな疑問を呈しており，以下のように批判している。

　　「1935（昭和10）年の緑表紙の算術教科書は，「数理思想の開発」という目標を掲げたが，このことばそのものがすこぶるあいまいであり，どうにでもとれるようなものであった。そのあいまいさのすきまから，たとえば小学校に「流水算」や「つるかめ算」が正式に国定教科書にまではいりこんできたが，それが正しい発展であったかどうか，疑わしい。流水算を考えることによって「数理思想が開発され」たり，思考力が高まったという証拠は一つもないからである。（p.12）」

　遠山は，流水算やつるかめ算などを入れ込むことで，あたかも現実事象を取り扱うことができているといった拡大解釈が，本来の数学教育で培うべき能力を曖昧にしてしまっているというのである。併せて，こうした数学の中だけで通用するような奇問難問や，受験問題などに見られる技巧的な数学についても批判している。

　そして，あくまでも数学教育は，科学としての数学の立場を忘れずに構築されるものであるとして，

　　「教科としての数学を科学としての数学から切りはなしたとしたら，数学教

育が数千年間に蓄積された数学の巨大な財産から学び取る道は閉ざされてしまい，数学教育はもっぱらわかり切った教材をどのように教えるかに関心を持つ些末的な技術となってしまう。（同上，p.8）」

と，指摘する。

とはいえ，遠山は数学の内容を系統性に沿って，簡単なものから難しいものへと配列し，教育すればよいと述べているわけではない。教材の論理的統一と学習者の心理的適応性によって教育内容が構築されるべきであるとしており，

「まず第一にその教材は内面的に矛盾や飛躍のない一すじの論理に貫かれていなければならない。できるなら，小学校一年から中学・高校と一貫した論理を持ち，単純な少数の原則にもとづくことが望ましい。（中略）論理的にどのように一貫性をもち，また子どもの将来を考えたとき望ましい教材であっても，被教育者の心理的能力を越えたものを与えるべきではない。（同上，pp.8-9）」

とするのである。

実際，遠山の水道方式は，数の1〜9を一般，0を特殊と分類し，5を10の前段階での一つの数の纏まりとするという少数の原則により，独自の筆算指導の体系化を行なった（遠山，1962）。また，折れ線の幾何では，直線（線分）と，頂点での回転の向きと大きさ（外角）によって図形を構成するという少数の原則により，幾何教育の内容の体系化を行なった（遠山，1960）。

現在，プログラミング教育などで話題となっているスクラッチ（Scratch）も，折れ線の幾何と同様の外角を用いた方法で図形をかいたりプログラミングを行なったりするソフトウェアである。ただし，両者の違いについては，折れ線の幾何が平面図形の教育内容の新たな開発，すなわち扱う教育内容にまで影響を与えたのに対して，スクラッチが既存の教育内容をコンピュータで再現するといった扱いであることである。

遠山は，科学としての数学に依拠しつつも，最小限の原則により設計された教育用数学によって，生徒の数学理解を阻害する要因を極力排除し，理解の促進に向けて取り組んだ。一方で，学んだ数学が社会や自然との関係でどのような意

味や意義を持つのか，人間形成にどのように役立つのかなどの言及はそれほど
なされず，「数学教育は人間形成の一部分を受けもち，ある程度役に立つ（遠山，
1965，p.12)」といった，どちらかというと消極的な対応に留まった。

　なお，スクラッチの起源であるLOGOというソフトウェア開発時には，タートル・ジオメトリーという幾何の体系化が試みられていた（S. パパート，1991）ことなどを考え合わせると，現在の学校数学の動向は，「何を教えるか」という教育内容に対する捉え直しが見られず，「どう教えるか」の観点に特化してしまっているという危険性を感じさせる。

(3) 横地清による数学教育の目標

　塩野が数理思想の開発に向けて，卑近な現実事象や架空的事象を積極的に取り入れ対応しようとしたのに対して，遠山は少数の原則に沿って数学の教育内容の見直しと新教材の開発に取り組んだ。

　遠山啓に代わる形で日本及び世界の数学教育研究に影響を与えてきた横地清は，こうした塩野の卑近的・架空的事象に留まる数学教育と，遠山の現実事象と積極的に手を結ぼうとしない教材の開発に対して，それらを超える視点として，数学と社会の相互の抽象化の重要性を指摘する。

> 「数学の抽象化とともに社会が抽象化され，その抽象化された社会からの抽象として数学の抽象化が進み，その進んだ数学の抽象から，さらに再び社会が抽象化されるというように，数学と社会が有機的に結び合って抽象化を重ねるのである。（横地，1981，pp.2-3)」

　そして，数学と社会の相互の抽象化の過程を通して新たな数学の教育内容を創造するにあたっては，次の5つの方針が重要であるとする。

「(1) 社会の抽象化と結び合うような，教育内容の体系化を図る
(2) 内容はつくるもので借りるものではない
(3) 数学的純化を保ち，社会に埋没してはならない
(4) 小・中・高校，そして市民社会を見通した教育内容の発展的体系をつくる
(5) 実験と実践で検証して体系をつくる（同上，pp.3-4)」

こうした横地の数学と社会相互の抽象化の観点の導入は，数学教育の目標を考えるにあたっての自由度を高め，適用範囲を拡げることにつながったといえる。すなわち，塩野が限定的な現実事象の扱いによって数理思想の開発という枠内に留まったこと，また，遠山が数学教育と人間形成や現実事象との関わりに消極的であったのに対して，横地（1990）は，数学教育の目標を，積極的に文化，社会，自然などとの関連の中で捉えようとしたのである。

　その一例として，横地（1990）は，中学校数学に課題学習の時間が設定された際，一早く下記のような数学教育の充実を提起している。

　「従来のように，数学を受験のための技能や，実用的な技術の手段に閉じ込めたり，その範囲内で教育するような態度はやめて，数学を人類の生活や文化の発展と結びつけて教育したい。

(1)「数学それ自身」：従来通り，生徒に数学それ自身の学力をつけたい。

(2)「生きた数学」：生徒の現在の生活ならびに将来の生活を，生き甲斐のあるものとする数学を指導したい。

(3)「文化と数学」：人類の育てる文化の一環として数学を指導したい。（p.11）」

　さらに，この書物の題目には，「課題学習」に加えて「総合教育」という文言が用いられており，学習指導要領に「総合的な学習の時間」が設置される8年前に，その必要性を指摘している点にも先見性が見られる。

　では，数学と社会の相互の抽象化を通して数学的純化の保たれた数学教育では，どのような数学的能力の獲得を目指すのであろうか。それに対して，横地（2005）は，5つの段階の能力基準を設定し，開発された教材を用いて質の高い能力の育成を目指すとする。

　「①数学的原理が把握されたか，更には，その原理に基づく概念や性質・法則が把握されたか。この段階の学力を原理の獲得と呼ぶ。

②①における概念・法則の活用が自在にできるようになったか。すなわち，概念・法則が技能として習熟されるまでになったか。この段階の学力を技能と習熟と呼ぶ。

③①, ②の学力を基礎に, 更に発展する数学を創るまでに高められるように
なったか。この段階の学力を数学的発展と呼ぶ。

④上記の数学を直接活用する, いわゆる応用問題の解決に役立てられるように
なったか。この段階の学力を単一的応用と呼ぶ。

⑤更に進んで, 上記の数学を自然や社会の広範な問題の解決に活用できるよう
になったか。この段階の学力を総合的応用と呼ぶ。(p.2)」

こうした数学における「原理の獲得」,「技能と習熟」,「数学的発展」,「単一的
応用」,「総合的応用」の観点の導入は, それぞれの学年での数学と社会の抽象化
が保証されているかを担保する上でも重要である。

さて, 生徒を高次な数学へと誘う上で, 現在の学校現場ではどの点に問題があ
るのだろうか。それに対して横地 (1983) は,

「ここには, "1変数の関数であれ, 微積分であれ, いずれも, 内容豊富な概
念だから, いつか, どこかで使うだろう" という, 当てにならない便りが予想
されている。失礼ながら, 当の, 教える教師自身が, ほとんど, 市民社会のな
かで, それらを生かしてはいないのである。これでは, 学ぶ子どもが, 関数や
微積分の, 生きざまとの結びつきを感じとることも乏しい。貧相な現実の打開
は, 解析でも実数と同様である。現実的な問題を設定し, その打開に, 解析を
活用するという道が, まずは用意されるべきである。(p.141)」

と, 数学教員に対する厳しい指摘をする。数学の一教員に, ここまでを求めるの
は少々酷であるという考え方もあるが, 今回の学習指導要領改訂により高等学校
では理数科が新設されており, 各数学教員に求められるのは, まさに高次な数学
を駆使した社会とつながる教育内容の開発である。

もちろん, この指摘は数学教員に留まるものではない。数学教員を養成する教
員養成大学においては, 学生に対して, 高次な数学を創る経験と, それらを数学
指導に活かすことのできる能力の育成が求められているのである。

話題を数学教育の目標に戻そう。数学教育の目標設定において人間形成や他教
科との関連に消極的であった遠山と比較して, 横地 (1998) は, 数学教育の目

標においても，以下のように積極的な関わりを持とうとする。

「数学教育は，数学を子供に教えるばかりではなく，現実的な課題を創造的に
解決する教育，更には，国語を初め，他教科の内容と総合して，子供たちのまっ
とうな生き方そのものを開拓する（p.3）」

　横地は，社会と数学の教育内容の乖離に苦しむ生徒の言葉を封印するのではな
く，数学教育研究者や数学教員が，数学の抽象化に伴う社会の抽象化を見出し，
相互循環を通して新たな教育内容を開発・普及することの重要性を指摘した。併
せて，他教科とつながる総合的で質の高い数学教育の内容を開発・実践すること
を通して，人間形成につながる数学教育のあり方に言及した。

(4) これからの数学教育の目標

　学習指導要領における汎用的能力の獲得という全人的な能力育成から，数学教
育の担う役割を切り出す形での目標設定と，数学教育研究における数学や数学教
育に軸足を置きながら，他教科や人間教育などへ言及する形での目標設定を概観
してきたが，両者の間には，少なからずハードルが見られた。

　端的に言えば，前者では数学を人間形成の側面を担う一教科と捉えようとする
傾向にあるのに対して，後者では卑近な内容に留まらない高次の数学の扱いが，
人間形成といった高尚な理念に直接的に関与する道筋が見えないにもかかわら
ず，それを一括りにして捉えようとすることへの違和感であったといえる。

　横地の示したもう一つの道は，社会の抽象化，高次化を，数学教育内容開発の
中に新たに導入することであった。数学能力と人間形成の両者をつなぐ一つの可
能性が示されたとともに，本書でも取り上げている STEAM 教育を考える上で
の示唆にもつながるものである。

　それらを踏まえ，これからの数学教育の目標は，次の4つを目指すことが重要
であると考える。

①知識基盤社会における基盤の知識の一つとしての数学の，基礎的内容の理解と
　活用
②社会における高次な問いに対して，高次な数学を駆使して問題を解決する能力
③未来の社会を主体的・批判的・建設的に生きていくための，他教科を含む総合

的な教育内容の理解とそれに基づく思考方法

④他者との粘り強い論理的・共感的議論に基づく理解の共有と，協働的な行動様式の獲得

研究課題

1. 数学教育学の各研究領域について，どのような研究内容があるかを具体的に考えて記述しなさい。

2. 数学教育学の目的である「実践にみられる一般性の追究」について，実際の数学の指導場面を想定して，考えられる例を挙げなさい。

3. 数学教育における目標について，学習指導要領と数学教育研究の立場の違いについて整理し，自身の考えをまとめなさい。

引用・参考文献

中央教育審議会「幼稚園，小学校，中学校，高等学校及び特別支援学校の学習指導要領等の改善及び必要な方策等について（答申）」平成28年12月21日 J-STAGE https://www.jstage.jst.go.jp/browse/-char/ja

文部科学省（2018）『中学校学習指導要領（平成29年告示）解説 数学編』日本文教出版大阪，pp.20

文部科学省（2019）『高等学校学習指導要領（平成30年告示）解説 数学編 理数編』学校図書，pp.8-9

西之園晴夫（1981）『授業の過程』第一法規，東京

スクラッチに関する情報（Scratch 財団ホームページ）https://scratch.mit.edu/

シーモア パパート（1991）『マインドストーム〔新装版〕子供，コンピューター，そして強力なアイデア』未来社，東京

塩野直道（1932）「現代の数学教育と小学算術書」；小倉金之助外十三名『算数教育の現代思潮』モナス，東京，pp.23-24

遠山啓（1960）「数学教育における分析と総合」数学教育学会誌，1 (1), pp.26-31

遠山啓（1962）『お母さんもわかる水道方式の算数』明治図書，東京

遠山啓（1965）「数学教育の基礎」；遠山啓編著『現代教育学9　数学と教育』第Ⅰ部，

岩波書店，東京，pp.8-9，p.12

横地清（1978）『算数・数学科教育』誠文堂新光社，東京，pp.7-10

横地清編著（1981）『数学教育学序説　下』ぎょうせい，東京，pp.2-4

横地清（1983）『現代算数・数学講座〔2〕数・代数・解析の体系化と実践』ぎょうせい，
　　東京，p.141.

横地清監修（1990）『中学校数学の総合教育と＜課題学習＞』学校図書，東京，p.11.

横地清（1998）『新版 21 世紀への学校数学への展望』誠文堂新光社，東京，p.3.

横地清（2001）「数学教育学の形成について」数学教育学会誌，42（1・2），pp.17-25.

横地清・菊池乙夫・守屋誠司（2005）『算数・数学科の到達目標と学力保障　別館　理論編』
　　明治図書，東京，p.2.

第2章

数学教育史

2.1 明治以前数学教育史

　学制（1872年）は，我が国に近代教育制度をもたらした。その制度への変革を可能にしたのは，近世，特に幕末にかけての教育体制，つまり**藩校・寺子屋**などの存在が影響している。藩校は，武士の子弟を教育するために設けられ，その数は200校以上に上り，学習館（紀州藩 1791年），明倫館（長州藩 1718年），日新館（会津藩 1803年），弘道館（水戸藩 1841年）などは，よく知られている。中でも，徳川綱吉（5代将軍）による湯島聖堂で 1690（元禄3）年から始まる昌平坂学問所（昌平校 1797年）は，幕府直轄学校として名高い。閉鎖された 1871年以後も学問所として跡地には，文部省（1871年），師範学校（1872年），東京女子師範学校（1875年）が設置され，後の東京大学へとつながった。その他，庶民も対象とした郷学校である閑谷学校（岡山藩 1670年）や足利学校（栃木県足利市），更には，私塾（緒方洪庵の適塾や吉田松陰の松下村塾），そして寺子屋もあった。その寺子屋では，一般に「読み・書き・算盤」といわれるように読み書きを主としつつも算盤を用いて基本的な加減乗除を学ぶ機会もあった。

　また，江戸時代，日本で独自に発達した数学，つまり**和算**は，算聖と称せられる**関孝和**（1642頃 – 1708）の登場と建部賢弘ら弟子，更にはその学流を受け継ぐ関流の和算家らにより数学の発展に貢献した。特に関の功績としては，円周率近似値，ベルヌーイ数の発見，微分積分関連事項なども挙げられるが，特筆すべきは，算木による天元術を発展させた傍書法による点竄術を確立したことである。このような江戸時代の数学の学習を後押ししたことの一つに書籍の普及が挙げら

れる。関流を始めとする和算家が著したより専門的な書籍の他，吉田光由（1598
－1673）による優れた算盤の指導書『塵劫記』（1627 年）がある。

　以上のような明治以前の数学における教育体制は，やがて訪れる我が国の近代
的な学校現場での数学教育の発展に重要な役割を果たすこととなる。

2.2 数学教育史 I （明治初期－敗戦）

　明治期，前節での藩校や寺子屋の存在が功を奏し，教育改革は成果を挙げた。
数学教育に関しては，学制の中で和算から洋算へと舵が切られ紆余曲折ある中で
もその洋算が定着，教育令・学校令の時代を経て法令も整備された。また，ペス
タロッチの直観教授法や数学教育改良運動といった西洋の教育思想などの影響も
受ける中で，教科書においては，検定教科書から国定教科書の時代に移った。特
に，藤沢利喜太郎の影響が伺える黒表紙教科書，遂には，塩野直道による緑表紙
教科書が登場するに至った。

　本節では，このような明治期から敗戦までの期間を学制期，教育令期，学校令
期に分け，その各期における小学校・中学校を中心とする数学教育について述べ
る。そのために関連する法令を取り上げ，概要を説明する。また，教員養成に関
わる事項についても触れる。

2.2.1 学制期（明治初期～1879 年頃）

【主な出来事年表】

1868 年	3 月 五箇条の御誓文，10 月 年号が明治に改まる
1871 年	8 月 廃藩置県，9 月 文部省設置
1872 年	7 月 東京に師範学校設立
	9 月 師範学校 開校，学制（太政官布告第 214 号）公布
	10 月 中学教則略・小学教則 公布
1873 年	小学教則 改正，『小学算術書』（文部省編纂）

【当時の教育を中心とした概要】

　明治政府は，維新直後から教育改革を進め，統一国家体制に必要な廃藩置県を
行なった直後の 1871 年 9 月（旧暦・明治 4 年 7 月）に**文部省**（初代文部卿 大木

喬任，文部大輔 江藤新平）を設置した。翌1872年9月（旧暦・明治5年8月）には，太政官の布告を以て**学制**が公布され近代教育制度が第一歩を踏み出すことになる。この学制は，徴兵令や地租改正（共に1873年）と並び明治維新の三大改革と称せられた。それは全109章から成り，「大中小学区ノ事」「学校ノ事」「教員ノ事」「生徒及試業ノ事」「海外留学生規則ノ事」「学費ノ事」の6項目が規定された。特徴的なこととしては，

・序文で，「邑ニ不学ノ戸ナク家ニ不学ノ人ナカラシメン事ヲ期ス人ノ父兄タル者宜シク此意ヲ體認シ其愛育ノ情ヲ厚クシ其子弟ヲシテ必ス学ニ従事セシメサルヘカラサルモノナリ」と記し，子どもの就学は父兄の責任であることなども述べられている。

・「学校ハ三等ニ区別ス大学中学小学ナリ」とし，第三章では，全国を8大学区（8大学校）に，1大学区を32中学区（32×8＝256中学校）に，1中学区を210小学区（210×256＝53760小学校）に分けることが規定された（翌年，7大学，239中学，42451小学に改正）。

・次のような学校制度が定められた：

尋常小学校（下等小学4年 6-9歳，上等小学4年 10-13歳）

中学校 （下等中学3年 14-16歳，上等中学3年 17-19歳）

師範学校（2年 20-21歳）

大学 （20-21歳）

また，この時代の小学校は，寺子屋・私塾などの庶民教育機関を母体として，学区制に基づき併合・再編され，師匠を小学校教師に任命した。文部省年報によると学制期初め（1873年）と終わり（1878年）における小学校の学校数・教員数・児童数などは次の通りである：

西暦	学校数	教員数	児童数	就学率（男・女・平均）		
1873年	12558校	25531人	1145802人	39.9%	15.1%	28.1%
1878年	26584校	65612人	2273224人	57.6%	23.5%	41.3%

就学率に関係しては，下等小学8級は約半数の児童が就学していたものの下等小学7級では20%に満たず，また上等小学は1%に満たない状況，また府県別や男女でも格差が生じており，明治政府の就学の方針「不学ノ人ナカラシメン事」

に至っておらず，小学校「42451校」（2019年現在19738校）も達成されてはいないが，学制発布から数年での初等教育施設の発展には一程度の評価がなされてもよいと判断できる。

　この状況下，**教員養成**は急務であり，文部省は，布達「東京ニ師範学校ヲ開キ規則ヲ定メ生徒ヲ募集ス」を学制以前の1872年6月に発した。その趣旨には「小学ノ師範タルヘキモノヲ教導スル処ナリ」「外国教師ヲ雇ヒ」の文言がみられる。実際，師範学校（1872年）は，前年に来日していた大学南校の教師 米国人**スコット**（1843-1922）を招聘し，そのスコットは本国での教科書・教具などを取り寄せ教員養成に取り組んだ。当時，師範学校校長になっていた**諸葛信澄**（1849-1880）は『小学教師必携』（1873年）にてその教授法を記した。その後，各大学区に一校の官立師範学校（1873年8月18日 大阪・宮城，1874年2月19日 愛知・広島・長崎・新潟。財政事情でいずれも1878年までに廃止）を設置，さらに各府県は教員養成のための学校（伝習所，師範学校など）を設け，小学校教員の養成を目指した。尚，先に挙げたわが国初の師範学校は，その後「東京師範学校」（1873年，7大学各区官立師範学校設立による），「高等師範学校」（1886年，師範学校令による），「東京高等師範学校」（1902年の広島高等師範学校設立による）などを経て，戦後，「東京教育大学」そして「筑波大学」に至っている。

　1877年には，赤松則良，岡本則録，菊池大麓，寺尾寿，中條澄清，福田理軒らを含む著名な和算家・洋算家 約115名が会員となり**東京数学会社**（現・日本数学会の前身）が設立された。その後，国内の数学は，和算から洋算へと移行する。漢数字からアラビア数字，それらを用いた数式，縦書きから左右横書き表現，そして何よりも算盤から筆算への変化，これらの変化は国内において数学の世界を一変させ，教員養成の体制を含む近代的教育制度が早期に確立される中，実学的側面を有しながら，途中で和算との併用の時代がありつつも浸透していくことになった。

【小学校とその数学教育に関連して】

　この学制の公布に当たり，算術の関心事は，**和算と洋算のどちらを採用するか**であった。当時設置されたばかりの文部省中小学掛には諸葛信澄と吉川孝友がいた。1871年11月に吉川は和算家 高久守静（1821-1883）を文部省に呼び，東京

府小学校教員としての奉職を打診した。その際，高久は算術が和算か洋算かを質問し，和算であることを確認した後，奉職を快諾した。更に，高久らは小学校教科書の作成も依頼され『数学書』（全5巻・附録答式全5巻）を著した。しかし，1872年9月に公布された学制には，「洋法ヲ用フ」とあり，洋算が採用されることとなった。この急な方向転換は，西欧的近代化を取り入れようとしていたこと，陸海軍で西洋数学を導入していたことが要因とされている。この後の1874年11月20日，彼は五等訓導に昇進する。また，彼による『数学書』は，1872年8月には洋法となることで使われなくなるが，文部省布達第10号（1874年3月18日）により和洋兼学になったことで再び使用されるようになった。

　学制には，教科名は記載されているが，それ以上の教科内容や時間配当，教科書などは記されていなかった（実際，算術には「算術九九数位加減乗除但洋法ヲ用フ」とだけ記されている）。そのより具体については続けて公布された**小学教則**によることとなった。ただ，小学教則は洋算方針を取りつつも，教授内容や教科書内容において和算からの脱却が未完成と取れるものであった。そこで諸葛信澄は，大学南校で教師をしていたスコットに，近代小学校教育を研究する師範学校において下等小学教則や『**小学算術書**』（巻1〜4，1873年。巻5，1876年刊）など，新しい小学教則編成と教科書作成を行わせた。このときの教科書『小学算術書』は，進歩的な教科書であり，また筆算を前提とする近代的な内容を持つものであった。

【中学校とその数学教育に関連して】

　学制において下等中学では16教科（数学，幾何学など），上等中学では15教科（数学，幾何代数学など）が定められた。更に，その直後の中学教則略では，下等・上等中学（各6級）の教則が示され，数学に関しては，下等中学教則には算術，代数学，幾何学が，上等中学教則には1級を除き，代数学，幾何学が記載されている。

【教員養成とその数学教育に関連して】

　学制公布後，文部省は小学校教科書の編集を始め，刊行した。この中には，欧米の翻訳教科書もあり，各府県はそれらを翻刻して普及させた。また，それを用いた教授方法は，師範学校で考えられた。これはスコットが師範学校の教師とし

て着任して試みたものであり，**ペスタロッチ**による教育法を導入していた。この方法は実物を用いた**実物教授**と呼ばれる教授法であったが，現場では，スコットがアメリカから持ち込んだ掛け図を使った**問答教授**中心の状況となり，そのため実物教授本来のねらいは達成できなかった。

2.2.2 教育令期 (1879年頃〜1886年頃)

【主な出来事年表】

```
1879年  教育令 公布 (「学制」廃止)
1880年  教育令 改正
1881年  5月 小学校教則綱領，7月 中学校教則大綱，8月師範学校教則大綱
        制定
1885年  教育令 再改正
```

【当時の教育を中心とした概要】

1879年の**教育令**では，中央統轄の画一的教育から学制の学区制を廃止し，教育行政の一部を地方に委任した。また，小学校教育年限は8年であるものの，最短で16ヶ月通学すればよいなどと記され，小学校廃校の動きも現れた。この状況の改善のため翌1880年には教育令が改正され，学校の設置や就学に関する規程を強化した。ただ，小学校修業年限は8年ながら，4年までの短縮，毎年4ヶ月以上授業すればよいとする制度であった。

文部省年報によると教育令期初め (1880年) と終わり (1885年) における小学校の学校数・教員数・児童数などは次の通りである：

西暦	学校数	教員数	児童数	就学率 (男・女・平均)		
1880年	28410校	72562人	2348859人	58.7%	21.9%	41.1%
1885年	28283校	99510人	3097235人	65.8%	32.1%	49.6%

この期間中，児童数は1883年の3237507人がピークであったが，その後の減少は経済的不況によると考えられている。また，より上級の学年でも就学率は上昇している。

1885年の再改正教育令では，地方の教育費節減のための簡易小学教場の設置を認めるなど，経済情勢に応ずるための方策がとられた。

【小学校とその数学教育に関連して】

小学校に関してはその**教則綱領**において、「第一章 小学科ノ区分」（修業年限（初等科3年，中等科3年，高等科2年），学科など），「第二章 学期，授業ノ日及時」（休業日，授業時間など），「第三章 小学各等科程度」が定められた。特に，「第十三条 算術」では，初等科・中等科においては，筆算もしくは珠算，またはそれらの併用についての記載があるほか「算術ヲ授クルニハ日用適切ノ問題ヲ撰ヒ務テ児童ヲシテ算法ノ基ク所ノ理及ヒ題意等ヲ考究セシムヘシ」との記載がある。

尚，教則綱領の初等科1年には「実物ノ計方」「実物ノ加減」が設けられた。これは当時の東京師範学校長 高嶺秀夫（1854-1910）らによって広められた開発教授を具現化したものである。この時期，中條澄清（1849-1897）をはじめとして，開発教授に則った多くの算術教科書が出版された。

【中学校とその数学教育に関連して】

中学校の**教則大綱**は全13条からなり，修業年限（初等科4年，高等科2年），学科，授業時間などが記載されている。特に学科で数学に関しては，初等科において算術・代数・幾何・三角法が記されている。

【教員養成とその数学教育に関連して】

学制期のスコットらにより導入されたペスタロッチの実物教授は，師範学校でその教授方法が用いられ，教科書にも反映されたが，実際の小学校現場に反映されるまでには至らなかった。しかし，当時アメリカでは，オスウィーゴ師範学校（校長シェルドン，現ニューヨーク州立大学オスウィーゴ校）が中心的教育機関となりこのペスタロッチの教育思想を取り入れ全米に**オスウィーゴ運動**を広めていた。ここでの留学を終えた**高嶺秀夫**や同じくアメリカ留学を行い，東京師範学校長となった**伊沢修二**らはその思想を**開発教授**として普及に努めた。さらに，高嶺・伊沢の指導を受けた若林虎三郎と白井毅は，その教えを『**改正教授術**』の中で反映させている。開発教授は，当時流行していた『**数学三千題**』（尾関正求，明治16年）に代表される求答主義，注入主義に対峙する立場をとっていた。

一方，地方では，「各府県ニ於テハ便宜ニ随ヒテ公立師範学校ヲ設置スヘシ」（教育令 1879年）に続き「各府県ハ小学校教員ヲ養成センカ為ニ師範学校ヲ設置スヘシ」（改正教育令 1880年）により府県に師範学校（修業年限：初等1年・中

等 2 年半・高等 4 年）が設置され，**師範学校教則大綱**（1881 年）により教則が統一された。尚，初等師範学科は小学初等科，中等師範学科は小学初等・中等科，高等師範学科は小学全般の教員養成を行なった。

初等師範学科の数学科目として算術が，中等師範学科では加えて幾何，高等師範学科はさらに加えて代数があった。

2.2.3　学校令期 (1)（1886 年頃〜 1900 年頃）

【主な出来事年表】

```
1885 年　内閣制度 創設
1886 年　3 月 2 日 帝国大学令 公布
　　　　　4 月 10 日 学校令（小学校令・中学校令・師範学校令）公布
　　　　　5 月 25 日 小学校ノ学科及其程度 公布
　　　　　5 月 26 日 尋常師範学校ノ学科及其程度 公布
　　　　　6 月 22 日 尋常中学校ノ学科及其程度 公布
　　　　　7 月 1 日 高等中学校ノ学科及其程度 公布
　　　　　10 月 14 日 高等師範学校ノ学科及其程度 公布
1888 年　『中等教育算術教科書』（寺尾寿・東京帝国大学）
1889 年　大日本帝国憲法 公布
1890 年　第 1 回 帝国議会 開会，第二次小学校令 公布
1891 年　11 月 小学校教則大綱 公布，12 月 中学校令 改正
1894 年　6 月 高等学校令 公布
1895 年　『算術条目及び教授法』（藤沢利喜太郎・東京帝国大学）
1897 年　帝国大学を東京帝国大学に改称し京都帝国大学設置，師範教育令 公布
1899 年　第二次中学校令 公布
1900 年　第三次小学校令 小学校令施行規則 公布，教員免許令
```

【当時の教育を中心とした概要】

我が国は，1890 年までに内閣制度・憲法を整え近代国家体制を確立した。初代文部大臣 森有礼は，小学校の設置・運営に関し**小学校令**（1886 年，全 16 条）を公布し，尋常・高等の修業年限を各 4 年とし（第二次小学校令では尋常 3, 4 年，高等 2, 3, 4 年，第三次小学校令では尋常 4 年，高等 2, 3, 4 年），特に尋常小学校には初めて「義務化」規定（第三条）を設け，その後，就学率は向上，1900 年

頃には90%を超えた。更に小学校令第十二条「小学校ノ学科及其程度ハ文部大臣ノ定ムル所ニ依ル」に基づき小学校ノ学科及其程度（全10条）を公布した。また教科書に関して自由採択，開申制度（1881年），認可制度（1883年）を経て**検定制度**が第十三条「小学校ノ教科書ハ文部大臣ノ検定シタルモノニ限ルヘシ」にもあるように制度化され（関連省令「教科用図書検定条例」（1886年），「教科用図書検定規則」（1887年）），その後多数の検定教科書が刊行された。師範学校・中学校も同様である。

　小学校令に関して，その後の変遷を次の様に簡単にまとめる：

- 第二次小学校令(1890年 全面改正)… 第一章「小学校ノ本旨及種類」，第二章「小学校ノ編制」，第三章「就学」，第四章「小学校ノ設置」など全8章96条からなる。その第十二条「小学校教則ノ大綱ハ文部大臣之ヲ定ム」により，各教科目・要旨が記された小学校教則大綱が1891年に公布された。

- 第三次小学校令（1900年 全面改正）… 第一章「総則」，第三章「教科及編制」，第五章「就学」など全9章73条からなる。尋常小学校に高等小学校を併置した尋常高等小学校（義務教育年限の延長を見据え奨励），尋常小学校教科目厳選（修身・国語・算術・体操），授業料無償化，進級・卒業試験廃止（等級制から学級制への移行，同一年齢学習集団組織形成），一学年期間を4月1日 - 翌年3月31日とすることなどが記された。その後，1907年にも改正され義務教育が6年と規定された。関連省令として，小学校令施行規則が公布されている。尚，更にその後は国民学校令（1941年）に続く。

　次に，小学校令と同日公布された**中学校令**（全9条）には，「中学校ハ実業ニ就カント欲シ又ハ高等ノ学校ニ入ラント欲スルモノニ須要ナル教育ヲ為ス所トス」（第一条）に始まり，中学校が尋常中学校（一府県一校設置の原則，1891年改正で尋常中学校設置条件緩和）と高等中学校（文部省，全国5区に各1校）とから編成されること（第二, 四, 六条），検定教科書が用いられること（第八条），学科及其程度が文部大臣により別途定められること（第七条）が記載されている。更に，第二次中学校令(1899年2月7日)では，尋常中学校の名称を中学校に改称（高等学校令（1894年）により高等中学校は（旧制）高等学校となる）し，入学資格を高等小学校第2学年修了の12歳以上の者とした。また，各府県に一校以

上の設置が義務付けられ，上級学校への進学の気運が高まった。

　師範学校令（全12条）では，第一条に「師範学校ハ教員トナルヘキモノヲ養成スル所」とし，高等師範学校は東京に1ヶ所，尋常師範学校は府県に各1ヶ所設置され（第二，三条），更には，学資（学費）は学校から支給されることが記載された（第九条）。また，高等師範学校卒業生は尋常師範学校などの，尋常師範学校などの卒業生は公立小学校などの校長及び教員に任命できる（第十，十一条）とした。師範学校令を廃した師範教育令では，尋常師範学校を師範学校に改称し，各師範学校（師範学校・高等師範学校・女子高等師範学校）が養成する教員を明文化するなどした。

【小学校とその数学教育に関連して】

　小学校ノ学科及其程度の第一条で修業年限（尋常4年，高等4年），第二，三条で学科，第五，六条で学級編制，第七条で休業日，第八，九条で授業時間，そして第十条で各学科の程度などが定められている。特に，数学に関しては，算術が置かれ，毎週授業時間が六時と定められ，尋常小学科では珠算を，高等小学科では筆算を用いることが記されている。

　続く小学校教則大綱では，第一条で教授に関わる教育原則を掲げた。また，従前の「学科」を「教科目」と称している。数学教育に関しては，第五条で「算術ハ日常ノ計算ニ習熟セシメ兼ネテ思想ヲ精密ニシ傍ラ生業上有益ナル知識ヲ与フルヲ以テ要旨トス」「算術ヲ授クルニハ理会精密ニ運算習熟シテ応用自在ナラシメンコトヲ努メ又常ニ正確ナル言語ヲ用ヒテ運算ノ方法及理由ヲ説明セシメ殊ニ暗算ニ熟達セシメンコトヲ要ス」と記されているほか，尋常・高等小学校での学習内容を簡潔に記している。

　更に続く小学校令施行規則では，その第四条で「算術ハ日常ノ計算ニ習熟セシメ生活上必須ナル知識ヲ与ヘ兼テ思考ヲ精確ナラシムルヲ以テ要旨トス」「算術ヲ授クルニハ理会ヲ精確ニシ運算ニ習熟シテ応用自在ナラシメンコトヲ務メ又運算ノ方法及理由ヲ正確ニ説明セシメ且暗算ニ習熟セシメンコトヲ要ス」と記されているほか，「算術ハ筆算ヲ用フヘシ土地ノ情況ニ依リテハ珠算ヲ併セ用フルコトヲ得」とあり学制期以来，珠算，珠算・筆算併用時代を経て，筆算を主とする時代へと移り変わっていく。その他，尋常・高等小学校での学習内容項目が簡潔

に記されている。

【中学校と数学等教科教育に関連して】

　中学校令第七条に基づき学科及其程度が公布された。その**尋常中学校ノ学科及其程度**には，入学資格（12 歳以上の小学校卒業者），修業年限 5 年，学科（倫理や数学など 15）そして授業時間（1 〜 5 級・毎級授業年限 1 年（40 週））などが，続いて公布された「高等中学校ノ学科及其程度」にも，修業年限 2 年，学科（国語漢文や数学など 17）そして授業時数（1,2 級・毎級授業年限 1 年（40 週））などが記載された。ただ，記載された学科の程度は要目のみで，実施にあたり中学校間での不均一が考えられ菊池大麓（東京帝国大学・文部次官），寺尾寿（東京帝国大学・東京天文台），藤沢利喜太郎（東京帝国大学），生駒萬治（高等師範学校）らによる調査委員会（数学科）が設けられた。尚，数学は，尋常中学校（時数：第 1 年（第 5 級）〜第 4 年（第 2 級）は 4，第 5 年（第 1 級）は 3）では算術，代数・幾何・三角法（簡単な要目有），そして高等中学校（時数 3）では，「平面解析幾何立体解析幾何ノ初歩方程式論大意微分積分」と記されている。更に続く，「中学校令施行規則」（全 8 章 61 条）には，「学科及其ノ程度」や「学年教授日数及式日」などが記載されており，第 1 〜 5 年の数学時数は順に 3/3/5/5/4 となっている。

【教員養成とその算術・数学教育などに関連して】

　師範学校令第十二条に基づき，学科やその程度，修業年限（4 箇年，1 学年 1 学級），授業時限（1 年 40 週，1 週 34 時以上）を記した**尋常師範学校ノ学科及其程度**が公布された。数学に関しては，筆算・珠算・代数・幾何をその内容とし，第 1 〜 3 年の授業時数は順に 4/3/3 とされた。また，「第四年期ハ其学級ヲ二分シ交互輪換シテ其一部ハ学業ヲ修メ他ノ一部ハ実地授業ニ就クヘキモノトス」とある。続く「高等師範学校ノ学科及其程度」では，高等師範学校を男子師範学科と女子師範学科とに，更に男子師範学科を理化学科，博物学科，文学科に分けられた。数学は，理化学科に属し，内容は，代数，幾何，三角数，測量，解析幾何，微分積分大意となっている。

【学校令期の数学教育に影響を与えた数学教育者：菊池・寺尾・藤沢】

　菊池大麓（1855-1917），寺尾寿（1855-1923），藤沢利喜太郎（1861-1933）は

共に江戸末期の生まれで，明治初期から中期にかけてヨーロッパに留学し，帰国後，我が国の数学教育に大きな影響を与えた。

　菊池は，ケンブリッジ大学で学び，東京大学教授（1877 年），東京帝国大学教授（1898 年）を経て，桂内閣文部大臣（1901 年）となった。著書に『**幾何学講義**』第一巻（1897 年）・第二巻（1906 年）があり，「幾何學ト代數學トハ別學科ニシテ幾何學ニハ自カラ幾何學ノ方法有リ，濫ニ代數學ノ方法ヲ用ヰル可カラザルナリ」（『幾何学講義』第一巻）と述べている。

　寺尾は，パリ大学で数学と天文学を学び，東京物理学校（現 東京理科大学）初代校長（1883 年）となり，その後 30 年以上にわたり初代天文台長を勤めた。また，『**中等教育算術教科書**』上・下巻（1888 年）を著し，当時流行していた三千題流の注入主義を厳しく批判し，「算術ノ如キ其持前トシテ至極面白キモノナルガユヘニ，授業法其宜シキヲ得レバ，唯之ニ由テ數理ヲ會得セシムルノミナラズ，之ヲ利用シテ生徒ノ精神ノ發達ヲ促スノ効決シテ他ノ學科ニ讓ラズ…」（上巻）と述べ，いわゆる**理論算術**を提唱した。

　藤沢は，ベルリン大学でクロネッカーに師事し，ロンドン大学などでも学び，帝国大学（1887 年）の教授となる。著書に『**算術条目教授法**』（1895 年），『算術小教科書』上巻（1898 年），下巻（1899 年），『数学教授法講義筆記』（1900 年）がある。藤沢は，当時の算術に関わる教授法，「三千題流」「開発主義」「理論算術」を批判し，「…數ハ數ゾヘルヨリ起ルト云フコトヲ初等教育ニ應用シマシタナラバ必ズ初等教育ニ於ケル多クノ困難ハ無クナルダラウト考ヘマシテ，其實行ノ方法ヲ研究シテ居リマシタ…」（『数学教授法講義筆記』，p.57）と主張し，いわゆる**数え主義**を提唱し，我が国初の国定教科書『尋常小学算術書』（黒表紙教科書，1905 年）に反映され，『尋常小学算術』（緑表紙教科書）の出版まで使用された（次節参照）。

2.2.4 学校令期 (2) (1900年頃〜1930年頃)

【主な出来事年表】

1901年	3月 中学校令施行規則 公布，6月 菊池大麓 文相（第4次伊藤内閣）
1902年	2月 中学校教授要目制定
	3月 高等師範学校を東京高等師範学校と改称 広島高等師範学校設置
	教科書疑獄事件（小学校 就学率90％超）
1903年	4月 第3次小学校令 一部改正（国定教科書制度成立）
1905年	第1期国定教科書『尋常小学算術書』（黒表紙教科書）
1907年	第3次小学校令 一部改正
1910年	師範学校教授要目
	第2期国定教科書『尋常小学算術書』（黒表紙教科書）第一次修正
1911年	中学校教授要目改正
1913年	小学校令 改正（教員免許状 府県授与 全国一本化）
1918年	第3期国定教科書『尋常小学算術書』（黒表紙教科書）第二次修正
1919年	日本中等教育数学会 創立
1924年	文部省：師範学校 修業年限を4年から5年に延長
	『数学教育の根本問題』（小倉金之助）
	『初等数学教育の根本的考案』（佐藤良一郎）
1925年	第3期国定教科書『尋常小学算術書』（黒表紙教科書）改訂

【当時の教育を中心とした概要】

　小学校を中心に教科書が国定化されるのがこの時代である。これまでの検定教科書は，内容上の不備が多く，高価格にもかかわらず粗悪な紙質であった。加えて，採択に関わる地方審査委員と教科書会社との贈収賄事件，つまり**教科書疑獄事件**（1902年）が発生，帝国議会での教科書国定化の動きも拍車をかけ検定制度が崩壊した。1903年，文部大臣菊池大麓は小学校令の改正を行うなどし，**小学校教科書の国定制度**を確立した。

　この時期，海外では国際的数学教育改革**数学教育改造運動**が起こった。それは，1901年に開催された英国学術協会の年次大会（グラスゴー）で，ジョン・ペリー（英,1850 - 1920）が行なった講演「数学の教育」に始まる。19世紀後半，イギリスでは，ユークリッド原論を教材とし，公理や定義から命題の証明を繰り返し，

抽象的数学要素を含む学習が行われていた。そこでペリーは，グラフや函数，微分積分を導入し，実験や測定を取り入れる教育方法を論じた。この提案はイギリスのみならず，クライン（独），ボレル（仏），ムーア（米）などの数学者も同様の主張を各国で展開，世界的運動として広まった。我が国でも 1910 年頃になり函数観念の養成などとして影響が見られた。例えば，東京高等師範学校の黒田稔は，クラインの下で数学教育を研究し，帰国後，数学教育の改良を推進した。また**小倉金之助**は『**数学教育の根本問題**』を著し，数学教育の意義は**科学的精神の開発**にあり，数学教育の核心は函数観念の育成にあること，数学を分科せず「融合主義」をとる必要があることを主張した。

　小倉の著書と同年，佐藤良一郎（東京高師附中教諭）は『初等数学教育の根本的考察』を著し，如何に教えるべきかより何を教えるべきかを説き（例：函数，確率など），代数と幾何の総合的取り扱いを主張した。尚，ここで登場したペリーは，1875 年に来日し，工部大学校（東京大学工学部の前身の1つ）で教鞭を執った。

【小学校とその数学教育に関連して】

　1907 年，第 3 次小学校令が一部改正され，高等小学校 1, 2 年を尋常小学校 5, 6 年とし，義務教育修業年限が 6 年間に延長された。

　国定教科書としては，1905 年に第一期国定算術教科書『**尋常小学算術書**』（**黒表紙教科書**）が発行され，同年 4 月より使用された。この国定教科書は，藤沢利喜太郎の理念の影響を受けた「数え主義」を採り，分科主義や形式陶冶説に基づいている。尚，編纂委員は，飯島正之助（委員長：第一高等学校教授，帝国大学星学科 1889 年卒），中村兎茂吉（文部省，帝国大学物理学科 1894 年卒），川上瀧男（文部省，東京高等師範学校理科 1899 年卒），横山徳次郎（訓導経験者，東京高師研究科私費生 1901 年卒），であり，委員長の飯島正之助は，藤沢と『スミス・代数学教科書』を共訳するなど結びつきが深い。その後，『尋常小学算術書』は 1910 年に義務教育年限延長により第 2 期として，1918 年には欧米教育思想を含む時世の要求から第 3 期として，1925 年にはメートル法改正により第 3 期の改訂として使用が開始された。

【中学校と数学等教科教育に関連して】

　中学校令施行規則（1901 年）には数学の目的・内容が示され，その第七条には「数

学ハ数量ノ関係ヲ明ニシ計算ニ習熟セシメ兼テ思考ヲ精確ナラシムルヲ以テ要旨トス。数学ハ算術，代数初歩及平面幾何ヲ授クヘシ」と記された。この施行規則では，教授内容の大幅削減となり，菊池大麓は異を唱えていたが，翌 1902 年には改正され「数学ハ算術，代数幾何及三角法ヲ授クベシ」となった。この改正に続き，同年には指導内容と指導上の留意事項を教科毎に記した**中学校教授要目**も制定された。この教授要目は「要目実施上ノ注意」と各学科の教授要目から成り，数学の教授要目は「第一 算術」「第二 代数」「第三 幾何」「第四 三角法」の各々について学年別配当週当たり時数・内容と「教授上ノ注意」（12 項目）から構成されている。ここに，中学校令—中学校令施行規則—中学校教授要目という国家基準の流れが形成され，更に，各中学校長には要目準拠の教授細目作成を求めることにもなった。

中学校教授要目が制定された 1902 年は，前述の通り世界で数学教育改造運動が広がりを見せた時期である。しかし，数学での「教授上ノ注意」（12 項目）は，数学の分科主義や理論の厳格さなど，運動が打破を目指す伝統的英国方式を取り入れたものであった。その後，1911 年 7 月に中学校令施行規則は改正され，中学校教授要目も全面改正されたが，その運動の成果の取り入れは限定的であった。運動を支持する小倉金之助，佐藤良一郎らは批判を行なった。

【教員養成とその算術・数学教育などに関連して】

1910 年制定の**師範学校教授要目**には，数学など諸学科に関する学年毎の教授時数・内容が記された。

当時の中学校の養成は，その必要数の拡大に伴い，東京高等師範学校と広島高等師範学校を中心とする卒業者の他，文部大臣の許可学校卒業者（無試験検定）に加えて，文部省師範学校中学校高等女学校教員検定試験（文検, 1885-1943 年に 78 回実施）の合格者に中等教員免許が与えられていた。数学は当初 4 段階（算術代数幾何，三角法，解析幾何，微分積分）で実施されていたが，第 35 回（1921 年）から数学として実施された。

2.2.5 学校令期 (3) (1930 年頃～ 1945 年頃)

【主な出来事年表】

```
1931 年    中学校教授要目改正
1935 年    第 4 期国定教科書『尋常小学算術』（緑表紙教科書，1940 年完成）出版
1937 年    12 月 教育審議会 設置 （－ 1942 年 5 月）
1941 年    国民学校令（3 月 1 日）・国民学校令施行規則（3 月 14 日）公布，太
           平洋戦争
1942 年    中学校教授要目のうち数学及理科ノ要目 改正
           第 5 期 国定教科書 国民学校 理数科算用教科書『カズノホン』『初等
           科算数』（水色表紙教科書）出版 （－ 1944 年）
1943 年    1 月 21 日 中等学校令（勅令第 36 号）（中学校令など廃止）
           3 月 2 日 中学校規程，高等女学校規程，実業学校規程 制定（4 月 1
           日実施）
           3 月 8 日 師範教育令 全部改正 公布（4 月 1 日施行）
           中学校数学 1 種検定教科書『数学 第一類・第二類』出版
1944 年    日本中等教育数学会が日本数学教育会に改称
```

【当時の教育を中心とした概要】

　満州事変（1931 年）と国際連盟の脱退（1933 年），その後，日中戦争（1937 年），第 2 次世界大戦（1939 年）そして太平洋戦争（1941 年），日本は戦時色が濃くなり国内でも五・一五事件（1932 年）や二・二六事件（1936 年）などの軍事行動が発生する状況となった。その影響は教育にも及び，遂に 1945 年 5 月には，**戦時教育令**により，国民学校初等科を除き授業は停止，本土防衛と生産増強に従事することが定められた。

　この時期，教育に関わる重要事項を牽引したのは内閣の教育諮問機関である「教育審議会」であった。中でも「国民学校，師範学校及幼稚園ニ関スル件」についての教育審議会の答申（1938 年 12 月）は，その後に影響を及ぼした。事実，例えば，1941 年，小学校令を改正し，**国民学校令**を公布した。これにより，義務教育 8 年（国民学校初等科 6 年，高等科 2 年（戦時下で未実現））が規定された。その第一条には「国民学校ハ皇国ノ道ニ則リテ初等普通教育ヲ施シ国民ノ基礎的

錬成ヲ為スヲ以テ目的トス」と目的が要約されている。この基礎的錬成（錬磨育成）を目的とし，5教科（国民科，理数科，体錬科，芸能科，実業科（高等科））が設けられ，各々の教科は，科目に細分化された（例えば，理数科は，算数と理科）。中等学校や師範学校も同様に教科・科目に分けられ，更に教科書については，戦局の悪化で物資不足に陥り，国定教科書に統一されることとなった。

　これらに先立ち小学校では，塩野直道（1898-1969）による数理思想を反映した**第4期国定教科書『尋常小学算術』（緑表紙教科書）**が出版されている。

【小学校とその数学教育に関連して：緑表紙教科書編纂功労者 塩野直道】

　先に述べた緑表紙教科書の出版は塩野の尽力の賜物であり，その過程は次のようであった。塩野は，第3期の国定黒表紙教科書の改訂に携わったが，その教科書に対する批判は烈しく，抜本的かつ全面的な改訂が必要と判断，そこで本来は上役である中村兎茂吉主任（塩野の上役，藤沢理念の黒表紙教科書編纂者）に申し出るところを通り越して図書局長に改訂の上申書を提出，結果として小学算術書の編纂に当たることとなった。このとき塩野は，小倉金之助の「数学教育の目的は**科学的精神**の開発にある」に触発され，その方針案（1933）に「**数理思想の開発を主眼とす**」を掲げた。これに対しては，小学校令施行規則（1900年）の算術要旨に反すると指摘を受けるが，「現代的解釈」として認めさせた。ここに塩野の打ち立てた数理思想が誕生することとなった。その編纂会議は約7年間（1933年9月15日-1940年10月11日）で350回以上実施された。結果として1935年に第1学年用（上下2冊），その後は年次進行で，1940年には黒表紙教科書の数え主義理論から脱却し，「数理思想を開発」し「日常生活を数理的に正しくする」ことを目標とした緑表紙教科書が完成を迎えた。

　しかし，緑表紙教科書の時代は，当時の国情から長くは続かず，国民学校令（1941）の下，1942年には緑表紙教科書を受け継ぐものの軍事色の強い**第5期国定教科書（水色表紙教科書）**が出版された。水色表紙教科書での算術は，教科「理数科」の中の一科目「**算数**」となり，『**カズノホン**』（1-2年全4巻），『**初等科算数**』（3-6年全8巻）が出版された。尚，国民学校令施行規則には，「理数科算数ハ数，量，形ニ関シ国民生活ニ須要ナル普通ノ知識技能ヲ得シメ数理的処理ニ習熟セシメ数理思想ヲ涵養スルモノトス」（第八条）とあり，数理思想の継承が伺える。

【中学校と数学等教科教育に関連して】

1931 年, 中学校教授要目が改訂され, 従来の「算術, 代数, 幾何, 三角法」が「数学」として総合的に扱われ, その「注意」には, 「教授ノ際常ニ函数観念ノ要請ニ留意スベシ」と数学教育改良運動の影響が見られる。

その後の中等学校令 (1943 年 1 月 21 日) は, それまでの中学校令や高等女学校令, 実業学校令を廃止し (第十七条) 公布されたもので, 修業年限を 4 年とし (第七条), 北海道と府県にその設置が求められた中学校 (男子)・高等女学校 (女子)・実業学校からなる中等学校 (第二, 三条) について述べられている。その第一条には「中等学校ハ皇国ノ道ニ則リテ高等普通教育又ハ実業教育ヲ施シ国民ノ錬成ヲ為スヲ以テ目的トス」と目的が記され, 「中等学校ニ於テハ文部省ニ於テ著作権ヲ有スル教科用図書ヲ使用スベシ (第十二条)」により中等学校でも教科書が国定化されることとなった。続いて, 中学校・高等女学校・実業学校の各規程が制定された。その第四条で数学は理数科の一科目として位置付けられており, また別表にて毎週授業時数が第 1 〜 4 学年において 4/4/4/5 と記されている。

一方, 1940 年から中等学校の数学教育に関する改革運動, つまり**数学教育再構成運動**が起こる。この時期は, 塩野の『尋常小学算術』で算術を学んだ者の中学校進学時に相当し, 1931 年の教授要目に改正の必要性を感じていた数学教育関係者による数学教育再構成研究会 (1940 年, 日本中等教育数学会内) が組織化し (東京:杉村欣次郎・東京文理科大学, 大阪:清水辰次郎・大阪帝国大学, 広島:戸田清・広島高等師範学校), 1942 年の中学校数学教授要目の改正に結びついた。新たな教授要目での数学は, 各学年に第一類と第二類 (例:第 5 学年 第一類:函数ノ変化・統計図表ノ考察, 第二類:円錐曲線・力ト運動トノ考察) とがあり, 1943 年からはその (1 種) 検定教科書 (検定ながら 1 種類しかない) が使用された。しかし, 1943 年には中等学校令が出され, 国定教科書の使用が記載され, その下での新たな教科書『数学 第一類・第二類』(1943, 1944 年) が出版された。

【教員養成:詳細と算術・数学教育などに関連して】

1943 年 3 月 8 日に「師範教育令中改正ノ件」が公布され, 師範学校を官立 (国立) に移管, 師範学校 (男子) と女子師範学校を統合し, 師範学校男子部・女子部 (修業年限 3 年) とした。また, 学科の編成, 教科, 教授訓練, 教科用図書, 生徒の

入退学，学資支給，卒業後の服務は文部大臣が定めるとした。同様に，中学校および高等女学校の教員を養成する高等師範学校・女子高等師範学校についても官立，修業年限は4年とした。なお，このとき，師範学校の専門学校への引き上げにより，師範学校教員は，養成対象から除かれた。加えて同日，師範学校規程が定められ，その第二条において本科の教科を，男子部は国民科，教育科，理数科，実業課，体錬課，芸能課及外国語科（女子部は，家政科が加わる）とした。また，その第二十四条には「師範学校ノ教科用図書ハ文部省ニ於テ著作権ヲ有スルモノタルベシ」とあり国定教科書の使用が記されている。

2.3 数学教育史Ⅱ（学習指導要領の変遷）

1947年5月，**学校教育法施行規則**の条文により，一定水準の初等・中等教育が受けられることを保障する**学習指導要領**が定められた。その全面改訂は約10年毎にこれまで7度実施され，現在は，文部科学大臣から中央教育審議会へ諮問があり，その答申を受け行われている。

本節では，戦後を学習指導要領毎の時代で区切り，各々の時代背景の概説も含め記した上で数学教育の目標などの特徴的内容を述べることにする。

2.3.1 経験主義・生活単元学習（1947-1960）

【主な出来事年表】

1946年	アメリカ第一次教育使節団来日（第二次は1950年）
1947年	教育基本法・学校教育法 制定（3月）
	学習指導要領 一般編・算数編・数学科編（試案）
1948年	算数数学科指導内容一覧表（算数数学科学習指導要領 改訂）
1949年	検定教科書使用開始
1951年	小学校学習指導要領 一般編・算数科編（試案）
	中学校・高等学校学習指導要領 数学科編（試案）
1955年	高等学校学習指導要領 改訂告示（1956年実施）

【関連項目】 経験主義，生活単元学習，問題解決学習

【教育概要】 国民学校令・中等学校令・師範学校令などが廃止され法整備が進み，

教育基本法・学校教育法が公布された。また，米国教育使節団来日もあり，現在に通じる6・3・3・4制や義務教育9年への拡張がなされた。

【算数・数学教育】1947年の学習指導要領（試案）には，「算数科・数学科指導の目的」「算数科・数学科学習と子供の発達」「指導内容の一覧表」「算数科・数学科の指導法」「指導結果の考査と活用」「第一〜九学年の数学科指導」についての記載がある。特にその目的は次のように述べられている：

> 小学校における算数科，中学校における数学科の目的は，日常の色々な現象に即して，数・量・形の観念を明らかにし，現象を考察処理する能力と，科学的な生活態度を養うことである。

この学習指導要領（試案）に関しては，CIE（連合国軍最高司令部GHQの一部局である民間情報局）から学習内容の程度が高いと指摘され翌1948年9月に改訂された。（このことにより学習内容が1, 2年下がることになる。）

1951年の学習指導要領改訂では，第Ⅳ章において中学校での指導内容が，数，四則，計量，比及び数量関係，表・数表及びグラフ，代数的表現，図形による表現，簡単な図形，実務と9項目にわたり記載され，また第Ⅴ章では，高等学校数学科各科目「一般数学」「解析Ⅰ」「解析Ⅱ」「幾何」の一般目標と指導内容が記された。更に続く第Ⅵ章にある年次計画では，数学的内容を生活経験から表出させた学習手法が取り入れられた。これは，ジョン・デューイ（米国，1859-1952）の「経験を通じて学習活動を行う」（Learning by doing）を教育理念にした「経験主義」の影響によるもので，結果，**問題解決学習**（Problem-Solving Learning）が取り入れられた。しかし，系統性がないことや，小数・分数の乗除などが小学校から中学校に移行したことなどの点で当初から反対意見が多く，学力低下を生じさせた。

この時期，小倉金之助・遠山啓らによる数学教育協議会（1951年），彌永昌吉・横地清らによる数学教育学会（1959年）などの民間の数学教育団体が，米国流の生活単元学習を批判し，独立した日本国家における国民の育成にふさわしい数学教育を創るため設立された。その活動は現在にも至っている。

2.3.2 系統学習（1961-1970）

【主な出来事年表】

1956 年	全国学力調査（1961-1964 悉皆調査）
1958 年	小学校学習指導要領 改訂告示（1961 年 全面実施）
	中学校学習指導要領 改訂告示（1962 年 全面実施）
1960 年	高等学校学習指導要領 改訂告示（1963 年 実施）
1962 年	義務教育諸学校の教科用図書の無償に関する法律 制定
1963 年	義務教育諸学校の教科用図書の無償措置に関する法律 制定

【関連項目】系統学習，基礎学力の充実，科学技術教育の充実

【教育概要】学校教育法施行規則が改正され，**法的拘束力を持つ学習指導要領**が公示された。学力低下が指摘され生活単元学習から系統学習へとシフト，各教科の目標・指導内容の精選や最低年間授業時数が示され，道徳の時間が新設された。文部省は，全国的学力調査を小・中学校最高学年に実施したが，競争の過熱や教職員組合などの反対運動，更には，旭川学テ事件裁判第一審（1966 年）での違法との司法判断のため全面中止となった（1976 年の最終審で適法となる）。また1962,1963 年には**教科書無償化**に関する法律が成立し，1966 年に小学校全学年，1969 年には義務教育諸学校全児童生徒への無償給与が完成した。

【算数・数学教育】「もはや戦後ではない」（『経済白書』1956 年度）高度経済成長の状況下，基礎学力重視，科学技術教育向上のため内容の充実が強調され，小学校算数科，中学校・高等学校数学科の学習指導要領の目標には，共通して**数学的な考え方**という表現が用いられた。

小・中学校算数・数学領域，高等学校数学科目は次の通りである：

校種		領域・科目
小学校	3(4) 領域	A 数と計算，B 量と測定，C 図形，（D 数量関係：3 〜 6 年のみ）
中学校	5 領域	A 数，B 式，C 数量関係，D 計量，E 図形
高等学校	5 科目	数学 I，数学 II A，数学 II B，数学 III，応用数学

2.3.3 数学教育現代化（1971-1979）

【主な出来事年表】

1957 年	10 月 4 日 ソ連による人類初の人工衛星スプートニック 1 号 打ち上げ成功
1959 年	全米科学アカデミーによるウッズホール会議 開催
1968 年	小学校学習指導要領 改訂告示（1971 年 全面実施）
1969 年	中学校学習指導要領 改訂告示（1972 年 全面実施）
1970 年	高等学校学習指導要領 改訂告示（1973 年 実施）

【関連項目】 数学教育の現代化，スプートニックショック，発見学習

【教育概要】 スプートニック 1 号打ち上げ成功は，冷戦下でのアメリカを中心とする西側諸国に衝撃を与えた。その影響は多分野にわたり，科学技術教育の必要性が意識され，教育内容の現代化として表出した。高度経済成長期であった日本も，科学技術教育の充実のため現代化へ進んだ。一方，ウッズホール会議で議長を務めた**ブルーナー**は**発見学習**（『教育の過程』）を提唱し，これも学習指導要領に影響を与えた。ただ，教育現場の実情は，「新幹線授業」（1964 年東海道新幹線開業），「詰め込み教育」，「教育内容の消化不良状態」となり，**ゆとり**の時代を迎えることになる。

【算数・数学教育】 小学校では，4 年で集合の用語や記号「{ }，⊂」を扱い，集合の考えを育成し，5 年では 2 次元表やベン図を使いながら，2 つの集合から部分集合を作る学習（和集合，共通部分，補集合）を，また応用として三角形・四角形の包摂関係や公倍数・公約数の学習でもベン図を用い，さらに，負の数が 6 年生で扱われた。一方，中学校では，集合の意味や集合間の関係の他，用語・記号として，集合，要素，元，∈，∋，∩，∪などが用いられた。

　小・中学校算数・数学領域，高等学校数学科目は次の通りである：

校種		領域・科目
小学校	3(4) 領域	A 数と計算，B 量と測定，C 図形，（D 数量関係：2 〜 6 年のみ）
中学校	5 領域	A 数式，B 関数，C 図形，D 確率・統計，E 集合・論理
高等学校	6 科目	数学一般，数学 I，数学 II A，数学 II B，数学 III，応用数学

2.3.4 基礎・基本とゆとり（1980-1991）

【主な出来事年表】

1977 年	小学校学習指導要領 改訂告示（1980 年 全面実施）
	中学校学習指導要領 改訂告示（1981 年 全面実施）
1978 年	高等学校学習指導要領 改訂告示（1982 年 実施）

【関連項目】 基礎・基本，ゆとり

【教育概要】 高校進学率が 1975 年頃には 90％を超えた。一方，現代化を謳う指導要領は，カリキュラムの過密さや対応困難な現場状況もあり，諸問題を表出させていた。そこで，「小学校，中学校及び高等学校の教育課程の改善について」（1973 年）の教育課程審議会答申（1976 年）を受け，1977 年に学校教育法施行規則を改正し，学習指導要領が改訂された。その方針は「人間性豊かな児童生徒の育成」，「教育内容の精選と創造的な能力の育成」，「ゆとりある充実した学校生活の実現のため各教科の標準授業時数の削減」，「教師の自発的な創意工夫」であり，ここにゆとりが登場した。

【算数・数学教育】 学習指導要領では，算数・数学の目標がこれまでの複数の項目立てから次のように簡潔に記載されるようになった：

> 小学校 数量や図形について基礎的な知識と技能を身につけ，日常の事象を数理的にとらえ，筋道を立てて考え，処理する能力と態度を育てる。
>
> 中学校 数量，図形などに関する基礎的な概念や原理・法則の理解を深め数学的な表現や処理の仕方についての能力を高めるとともに，それらを活用する態度を育てる。
>
> 高等学校 数学における基本的な概念や原理・法則の理解を深め，体系的に組み立てていく数学の考え方を通して，事象を数学的に考察し処理する能力を高めるとともに，それを活用する態度を育てる。

ゆとりが授業時間と学習内容で表出されることとなった。具体的には，中学校数学科の授業時数は，4・4・4 から 3・4・4 に削減され，現代化の影響を受けた

集合や負の数などの内容は削除もしくは他学年に移行された。

　小・中学校算数・数学領域，高等学校数学科目は次の通りである：

校種		領域・科目
小学校	3(4) 領域	A 数と計算，B 量と測定，C 図形，（D 数量関係：3 〜 6 年のみ）
中学校	3(4) 領域	A 数と式，B 関数，C 図形，（D 確率・統計：3 年のみ）
高等学校	6 科目	数学 I，数学 II，代数・幾何，基礎解析，微分・積分，確率・統計

2.3.5　新学力観（1992-2001）

【主な出来事年表】

1988 年	法定研修 初任者研修制度 創設（教育公務員特例法一部改正）
	教育職員免許法の改正により免許状が専修・一種・二種となる
1989 年	小学校学習指導要領 改訂告示（1992 年 全面実施）
	中学校学習指導要領 改訂告示（1993 年 全面実施）
	高等学校学習指導要領 改訂告示（1994 年 実施）
1992 年	学校週五日制 月 1 回（第 2 土曜日）(1995 年 2 回／月（第 2, 4 土曜日）)

【関連項目】新学力観，基礎的・基本的な内容の重視，個性の重視

【教育概要】1987 年の教育課程審議会答申で，知識・技能重視の学力から関心・意欲や体験を重視する新学力観が登場した。これを受け基礎的・基本的な内容の指導や，道徳教育の充実などで社会の変化に自ら対応できる心豊かな人間の育成や創造性の基礎を培うこと，個性を生かす教育の充実に努めることが打ち出された。結果，指導から支援へと授業が変移し，体験学習や問題解決学習の割合が増加した。また，授業時数は，前学習指導要領と変化ないが，限定的に学校週五日制が国公立学校に導入された。さらに，小学校低学年の理科と社会科が統合され新設教科となる生活科も誕生した。

　教育職員養成審議会の答申「教員の資質能力の向上方策について」（1987 年 12 月）が出された直後に教育公務員特例法が改正され，**初任者研修制度**が創設された。これが法制度の下での教員研修制度の始まりとなる。

【算数・数学教育】学習指導要領での算数・数学の目標は次の通りである：

> 小学校　数量や図形についての基礎的な知識と技能を身に付け，日常の事象について見通しをもち筋道を立てて考える能力を育てるとともに，数理的な処理のよさが分かり，進んで生活に生かそうとする態度を育てる。
>
> 中学校　数量，図形などに関する基礎的な概念や原理・法則の理解を深め，数学的な表現や処理の仕方を習得し，事象を数理的に考察する能力を高めるとともに数学的な見方や考え方のよさを知り，それらを進んで活用する態度を育てる。
>
> 高等学校　数学における基本的な観念や原理・法則の理解を深め，事象を数学的に考察し処理する能力を高めるとともに数学的な見方や考え方のよさを認識，それらを積極的に活用する態度を育てる。

　小学校で**進んで生活に生かそうとする態度**，中学校・高等学校で**数学的な見方や考え方**の文言が加わった（従前の学習指導要領に「数学的な考え方」が登場したことはある）。また，「よさ」が共通して用いられた。

　小・中学校算数・数学領域，高等学校数学科目は次の通りである：

校種		領域・科目
小学校	3(4) 領域	A 数と計算，B 量と測定，C 図形，（D 数量関係：5,6 年のみ）
中学校	3 領域	A 数と式，B 図形，C 数量関係
高等学校	6 科目	数学Ⅰ，数学Ⅱ，数学Ⅲ，数学 A，数学 B，数学 C

2.3.6　生きる力（2002-2010）

【主な出来事年表】

> 1996 年　中央教育審議会 第一次答申
> 1997 年　議員立法による小・中学校免許状の特例法で介護など体験が必要となる
> 1998 年　小学校学習指導要領 改訂告示（2002 年 全面実施，2003 年 一部改正）
> 　　　　　中学校学習指導要領 改訂告示（2002 年 全面実施，2003 年 一部改正）
> 1999 年　高等学校学習指導要領 改訂告示（2003 年 実施，2006 年 一部改正）
> 2002 年　学校週五日制 完全実施

【関連項目】生きる力，基礎・基本の確実な定着，（狭義）ゆとりの世代

【教育概要】完全週五日制実施のこの時期，授業時数は約14%，教育内容は約3割削減され，戦後最も少なくなった。基礎基本を確実に身につけさせ，自ら学び自ら考える力などの「生きる力」の育成が，生涯学習社会を見据え重要視された。**総合的な学習の時間**が生きる力に関わり新設された。また，高等学校での情報科はこのときに新設された。

　懸念の学力低下が2000年のPISA（Programme for International Student Assessment, OECD実施）の結果で表出，文部科学省は「学びのすすめ」（2002年）を発表し，**確かな学力**の推進を打ち出した。さらに，学習指導要領が一部改正（2003年）され，「過不足なく教えなければいけない」が削除，**学習指導要領は最低限教えなければならない内容**であり，「学校において（特に）必要がある場合には，この事項にかかわらず指導することができる」，つまり，学習指導要領の内容を超えて「発展的な学習内容」も教えられる旨が加筆され，教科書にも反映された。

【算数・数学教育】学習内容に，次のような削減や移行がみられる：

・倍数・約数などが小学校第5学年から第6学年に移行，

・場合の数，合同，線対称・点対称，拡大図・縮図などが中学校へ移行，

・台形面積が削除（小学校 第5学年 B量と測定，次の学習指導要領で復活），

・解の公式や一元一次不等式が中学校から高等学校へ移行，

・小・中学校の度数分布表・柱状グラフ削除。（高校「基礎数学」で扱う）

　学習指導要領での算数・数学の目標は次の通りである：

　　<u>小学校</u>　数量や図形についての算数的活動を通して，基礎的な知識と技能を身に付け，日常の事象について見通しをもち筋道を立てて考える能力を育てるとともに，活動の楽しさや数理的な処理のよさに気付き，進んで生活に生かそうとする態度を育てる。

　　<u>中学校</u>　数量，図形などに関する基礎的な概念や原理・法則の理解を深め，数学的な表現や処理の仕方を習得し，事象を数理的に考察する能力を高めるとともに，数学的活動の楽しさ，数学的な見方や考え方のよさを知り，

それらを進んで活用する態度を育てる。

　高等学校　数学における基本的な概念や原理・法則の理解を深め，事象を数学的に考察し処理する能力を高め，数学的活動を通して創造性の基礎を培うとともに，数学的な見方や考え方のよさを認識し，それらを積極的に活用する態度を育てる。

　これらは新学力観時代の目標と類似するようではあるが，小学校では，**算数的活動**，中学校・高等学校では，**数学的活動**の用語が登場した。

　授業時数は，小学校では各学年 20 時間以上，中学校では学年順に週当たり 3・4・4 から 3・3・3 に削減された。

　小・中学校算数・数学領域，高等学校数学科目は次の通りである：

校種		領域・科目
小学校	3(4) 領域	A 数と計算，B 量と測定，C 図形，（D 数量関係：5, 6 年のみ）
中学校	3 領域	A 数と式，B 図形，C 数量関係
高等学校	6 科目	数学 I，数学 II，数学 III，数学 A，数学 B，数学 C

2.3.7　脱ゆとり と 生きる力のはぐくみ（2011-2019）

【主な出来事年表】

2006 年	教育基本法 改正
2007 年	学校教育法 改正
	全国学力・学習状況調査実施
2008 年	小学校学習指導要領 改訂告示（2009 年 先行実施，2011 年全面実施）
	中学校学習指導要領 改訂告示（2010 年 先行実施，2012 年全面実施）
2009 年	高等学校学習指導要領 改訂告示（2013 年 実施（年次進行））
2015 年	道徳を教科とする

【関連項目】 生きる力をはぐくむ，脱ゆとり

【教育概要】 学習到達度調査（PISA）の順位下降（2000, 2003, 2006 年）やゆとり教育による学力低下論争の状況下，文部科学省は，ゆとりでも詰め込みでもなく，知識，道徳，体力のバランスが取れた力である生きる力の育成を目指した。また，教育基本法が約 60 年を経た 2006 年に初の全面改正，翌年には教育三法の一つ

学校教育法も改正され，**学力の3要素**（第三十条2「生涯にわたり学習する基盤が培われるよう，基礎的な知識及び技能を習得させるとともに，これらを活用して課題を解決するために必要な思考力，判断力，表現力その他の能力をはぐくみ，主体的に学習に取り組む態度を養うことに，特に意を用いなければならない。」）が提示された。さらにその翌年からの学習指導要領改訂では，前学習指導要領に続き「生きる力」や思考力・判断力・表現力などの育成などを掲げ，「脱ゆとり」の方向に進むこととなった。結果，1980年改定以来，減り続けてきた授業時数が，小学校は5645コマ（＋278コマ），中学校は3045コマ（＋105コマ）となった。

この時期，小学校第5,6学年に「外国語活動」が創設された。2007年からは，43年ぶりに小学校第6学年と中学校第3年生を対象に**全国学力・学習状況調査**が実施された。また，2015年，学習指導要領を一部改正し，教科外活動（領域）であった小学校・中学校の「道徳」を教科「特別の教科 道徳」とし，検定教科書を導入した。

【算数・数学教育】小学校での国語・社会・算数・理科・体育と中学校での国語・社会・数学・理科・外国語・保健体育の各教科において授業時数が約10%増加した（小学校低学年2コマ/週，小学校中・高学年と中学校1コマ/週増加）。加えて，理数教育の充実のため，台形の面積が小学校算数で復活，二次方程式の解の公式が高等学校から再び中学校数学へ移行，また「数学活用」が高等学校数学で新設された。さらに，伝統や文化に関する教育の充実の観点から小学校算数での「そろばん」の扱いが重視された。

学習指導要領での算数・数学の目標は次の通りである：

> 小学校 算数的活動を通して，数量や図形についての基礎的・基本的な知識及び技能を身に付け，日常の事象について見通しをもち筋道を立てて考え，表現する能力を育てるとともに，算数的活動の楽しさや数理的な処理のよさに気付き，進んで生活や学習に活用しようとする態度を育てる。
>
> 中学校 数学的活動を通して，数量や図形などに関する基礎的な概念や原理・法則についての理解を深め，数学的な表現や処理の仕方を習得し，事象を数理的に考察し表現する能力を高めるとともに，数学的活動の楽

しさや数学のよさを実感し，それらを活用して考えたり判断したりしようとする態度を育てる。

　高等学校　数学的活動を通して，数学における基本的な概念や原理・法則の体系的な理解を深め，事象を数学的に考察し表現する能力を高め，創造性の基礎を培うとともに，数学のよさを認識し，それらを積極的に活用して数学的論拠に基づいて判断する態度を育てる。

　これらの目標での通り，**算数的活動**（小学校），**数学的活動**（中学校・高等学校）が文頭に表れ，**表現する能力**が共通して加わった。

研究課題

1. 次の表は各学習指導要領下の年間算数・数学授業時数と年間総授業時数の変遷を表したものである。表から各々の指導要領での算数・数学教育の状況を考察せよ。

	小学校						中学校		
	1学年	2学年	3学年	4学年	5学年	6学年	1学年	2学年	3学年
系統学習 （昭和33年）	102(3) 816	140(4) 875	175(5) 945	210(6) 1015	210(6) 1085	210(6) 1085	140(4) 1120	140(4) 1120	105(3) 1120
現代化 （昭和43年）	102(3) 816	140(4) 875	175(5) 945	210(6) 1015	210(6) 1085	210(6) 1085	140(4) 1190	140(4) 1190	140(4) 1155
基礎・基本 ゆとり （昭和52年）	136(4) 850	175(5) 910	175(5) 980	175(5) 1015	175(5) 1015	175(5) 1015	105(3) 1050	140(4) 1050	140(4) 1050
新学力観 （平成元年）	136(4) 850	175(5) 910	175(5) 980	175(5) 1015	175(5) 1015	175(5) 1015	105(3) 1050	140(4) 1050	140(4) 1050
生きる力 （平成10年）	114 782	155 840	150 910	150 945	150 945	150 945	105(3) 980	105(3) 980	105(3) 980
脱ゆとり 生きる力 （平成20年）	136(4) 850	175(5) 910	175(5) 945	175(5) 980	175(5) 980	175(5) 980	105(3) 1015	105(3) 1015	140(4) 1015

上段　年間時数（週時数）　　　下段　年間総授業時数

2. 戦後の各学習指導要領の時代における数学教育の特徴について述べ，現在に及ぼした影響について考察せよ。

3. 学習指導要領の改訂に伴い，その数年後に指導要録の改訂通告がなされる。その改訂には評価に関わる観点も含まれている。その変遷について纏めよ。

4. 塩野直道による第4期国定教科書『尋常小学算術』（緑表紙教科書）の特徴を

纏めよ。また，現在の教科書に及ぼした影響について纏めよ。

5. 明治以降の数学教育は，西洋数学教育の影響を受けた。その結果などの実際について調べて考察し，歴史的観点から我が国の数学教育の方向性について意見を述べよ。

引用・参考文献 及び 資料

小倉金之助（1932）『数学教育史』岩波書店，東京

小倉金之助，鍋烏信太郎（1957）『現代数学教育史』大日本図書，東京

海後宗臣，仲新（1962-1964）『日本教科書大系 近代編 算数（一）-（五）第 10-14 巻』講談社，東京

塩野直道（1970）『数学教育論』新興出版社啓林館，大阪

中谷太郎，上垣渉（2010）『日本数学教育史』亀書房，東京

中村正弘，寺田幹治（1972）『数学選書数学教育史』槇書店，東京

松原元一（1982）『日本数学教育史 I 算数編 (1)』風間書房，東京

松原元一（1983）『日本数学教育史 II 算数編 (2)』風間書房，東京

松原元一（1985）『日本数学教育史 III 数学編 (1)』風間書房，東京

松原元一（1987）『日本数学教育史 IV 数学編 (2)』風間書房，東京

松宮哲夫（2007）『伝説の算数教科書＜緑表紙＞- 塩野直道の考えたこと』岩波書店，東京

松宮哲夫（2015）『数理思想に基づく緑表紙に至る道 1871-1943』新興出版社啓林館，大阪

和田義信（2007）『和田義信著作・講演集（全 8 巻）』東洋館出版社，東京

文部省（1972）『学制百年史』帝国地方行政学会

文部省（1992）『学制百二十年史』帝国地方行政学会

佐藤良一郎先生塩野直道先生記念誌出版編集委員会（1963）『数学教育の発展』大日本図書，東京

第3章
評価と学力調査

3.1 数学に関わる資質・能力をどう評価するか

3.1.1 学習と評価

　教育において評価は切り離すことができない。何らかの指導を行なったときに，それにより児童・生徒はきちんと力がついたのかを検証する必要がある。その意味するところは，決してその児童・生徒は数学ができるできないといったレッテルを貼ることではない。仮に児童・生徒に伸びが見られないならば，単に勉強不足という理由もあるかもしれないが，場合によっては，指導法に問題があり授業改善を行う必要があるのかもしれない。それは綿密な分析によりはっきりさせることができると考えられるが，大切なことは，そこで学んでいる児童・生徒のための評価であるという意識を持つことが重要である。特に，評価に関しては，その児童・生徒の将来を左右するものになることがある。したがって，教師は，評価に対して真摯に向き合う姿勢が重要である。評価を行う際には，こういった背景があることに留意しておく必要がある。

3.1.2 評価の種類

　ひとくちに評価といっても，その目的や方法などによりさまざまな分類がある。ここでは，いくつかの評価の種類について述べる。

(1) 相対評価と絶対評価

　わが国では，相対評価か絶対評価かが学校現場での重要な関心事の1つであっ

た。相対評価は，わが国の評価史の上では，「集団に準拠した評価」とも呼ばれ，何らかの方法で測定された学力（大抵の場合はテスト）や，テスト得点を平均が50，標準偏差が10となるように変換（標準化）を行なった偏差値などを用いる。例えば，学力が正規分布であると仮定し，5段階評価で，上位から7%を5，次の24%を4，真ん中の38%を3，…のように評価を決定していく。この相対評価の問題点は，評価を行う集団に依存して評価が決まるため，例えば，高校入試を受験して学力に応じて集団が形成された後に，それぞれの集団で評価を行う必要があり，極端なことを言えば，本来同じ学力をもつはずなのに，上位の集団に属した場合5段階評価が1となり，下位の集団に属した場合5段階評定が5になるということも起こりうる（図3.1）。また，複式教育に代表されるような少人数の学級では，相対評価の適用はそもそも困難なことが挙げられる。

　一方，絶対評価とは，その学習者がどの程度の学力があるのかを，何らかの目標が達成されているかどうかを確認した上で行う評価であり，わが国の評価史の上では，「目標に準拠した評価」とも呼ばれる。また，前述のように，評価は，それをきっかけにして児童・生徒の学習に役立てたり，教師自らの指導を見直したりすることが重要であるが，このような意味で，近年は「指導と評価の一体化」を絶対評価により実現することが求められるようになった。現在，学校教育の中で行われている評価もこの「目標に準拠した評価」に則っている。

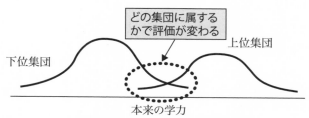

図3.1　相対評価における集団依存性

(2)　完全習得学習と評価

　完全習得学習（mastery learning）を提唱したブルームは，その実現のために，診断的評価，形成的評価，総括的評価の3つの評価を組み合わせ，このうち，形成的評価を中心（金沢・加藤，2010）として実施することを提唱した。まず，

単元などに入る前に，診断的評価を行い，その単元に入る前の児童・生徒の状況を確認する。その上で，必要があれば，補充学習を行う。そして，学習の進行に伴って学習の状況を評価し，必要に応じて児童・生徒にフィードバックを行なったり，指導の改善を行なったりする。このような評価を形成的評価という。形成的評価の状況によっては，個別や小集団に指導を行なったり，発展的な課題に取り組ませたりということもありうる。形成的評価は，児童・生徒に点数をつけるのではなく，あくまでも児童・生徒を成功へと導き，必要に応じて，教師の指導を見直していくという今後のアクションのための評価である。そして，学期末，学年末などには，総括的評価を行う。

　ところで，形成的評価の重要性が切り取られて強調されることがあるが，もともとは，完全習得学習の文脈でその重要性が唱えられていたことに留意する必要がある。金沢・加藤（2010）も指摘しているが，完全習得学習では，全員に同じ目標を設定して指導が行われるため，指導が画一的になるという問題点がある。現在は，「令和の日本型学校教育」において，「個別最適な学び」の実現（中央教育審議会，2021）が，柱の1つとして目指されており，こういった考え方とのバランスをとる必要がある。

(3)　パフォーマンス評価とルーブリック

　これまでも，算数・数学で扱う概念についての理解や計算などの知識や技能などはペーパーテストで測定をすることはよく行われている。また，工夫次第で，思考力，判断力，表現力等といった資質・能力もペーパーテストで測定できるものもあるだろう。しかし，ペーパーテストには限界があることも確かである。例えば，ペーパーテストで創造力を評価することは不可能ではないが，出題は困難な可能性が高い。このようなことからペーパーテストでは，スキル志向な出題に偏りがちである。シェーンフェルド（2008）は，スキルが定着して高得点をとったとしても，概念的な理解や問題解決能力が評価できない可能性があることを指摘している。

　そこで，真正な評価という考えが提唱されている。真正な評価とは，現実場面で起こりうる状況や，その学問領域（数学なら数学）において，本質的な考えやことがらに即して資質・能力を評価することを指す。

真正な評価の代表例として，パフォーマンス評価がある。パフォーマンス評価とは，「生徒の学習にとって最も重要なこと，すなわちさまざまな現実的な状況や文脈で知識とスキルを使いこなせる能力を評価」（ハート，1994，p.54）するものである。例えば，自動車の運転免許では，街中の道路で実際に走行して検定を行う。これはパフォーマンス評価ととらえることができるであろう。算数・数学では，例えば，数学的モデリングを伴う活動などはその典型であろうが，現実的な場面での問題解決であったり，単元末に発展的な内容のレポートをまとめたりするパフォーマンス課題を設定して，それを評価することなどが考えられるだろう。

　では，パフォーマンス評価では，具体的にどのように評価を進めればよいのだろうか。特に，妥当性（評価したい資質・能力が評価できているか）や信頼性（時間や採点者によって評価にブレがなく評価できているか）をどう保証するかは重要である。そこで注目されているのがルーブリックである。ルーブリックとは，目標の達成の状況を何段階かの基準により定義した表である。表 3.1 には，統計データに基づきグラフを作成する場面での，グラフ評価のルーブリックの例を示す。グラフをかく際には，グラフの種類を，目的に応じて適切に選択する必要がある。例えば，内訳を割合で示す際に，円グラフ（複数のグラフを比較する場合には帯グラフ）が適する。円グラフをかくのが適切であるような状況において，児童が棒グラフで表現していた場合などが C に相当する。円グラフでかけていても，割合のとり方で誤りがあるなどの場合が B に相当する。そして，円グラフが適切にかけている場合が A である。

　このようなルーブリックを作成する利点は，評価に応じて，児童・生徒へのフィードバックが的確かつ迅速に行える点である。そのため何を評価するのか，それぞれの段階の違いは何かを明確に記述する必要がある。また，結果的に評価に要する時間も短くなる。ルーブリックを作成するのに力を入れすぎ，その結果複雑なものになり，評価に時間がかかってしまうようでは，本末転倒である。

表 3.1　ルーブリックの例

A	B	C
目的に応じてグラフが選択されており，軸や数値なども適切である。	目的に応じてグラフが選択されているが，軸や項目の表示，グラフの数値などに誤りがみられる。	目的に応じたグラフの選択ができていない。

3.1.3　新学習指導要領での評価

(1)　資質・能力 3 つの柱と評価の 3 観点

　2020 年度から小学校，2021 年度から中学校で完全実施され，2022 年度から高等学校でも年次進行で実施された新学習指導要領においては，資質・能力を，「『知識及び技能』の習得」，「『思考力，判断力，表現力等』の育成」，「『学びに向かう力，人間性等』の涵養」の 3 つの柱に整理している。学習指導要領解説総則編では，この 3 つの柱について「知・徳・体にわたる『生きる力』全体を捉えて，共通する重要な要素を示した」（文部科学省，2018，p.36）ものとされ，算数・数学科だけでなく，各教科共通でこのような 3 つの柱に基づいて教科の目標等も設定されている。

　目標の設定と評価方法の検討は，表裏一体である。新学習指導要領で，資質・能力がこのような 3 つの柱に整理にされたことに基づいて，新学習指導要領においては，評価の観点も，「知識・技能」，「思考・判断・表現」，「主体的に学習に取り組む態度」の 3 観点に整理された。

　なお，従前の学習指導要領においては，評価の観点は「関心・意欲・態度」，「思考・判断・表現」，「技能」，「知識・理解」の 4 観点であった（算数・数学科では，「数学への関心・意欲・態度」（小学校では，「算数への関心・意欲・態度」），「数学的な見方や考え方」，「数学的な技能」，「数量や図形などについての知識・理解」として評価）。

　これらの観点ごとに評価を行うことから，学校教育では，「観点別学習状況の評価」と呼ばれ，新学習指導要領においては，学習指導要領に従って評価規準を設定した上で評価を行なっていく。ここでいう評価規準とは，「学習指導要領に示す目標の実現の状況を判断するよりどころを表現したもの」（国立教育政策研

究所, 2020) である。観点が, 前述のとおり, 「知識・技能」, 「思考・判断・表現」, 「主体的に学習に取り組む態度」の3つであり, それぞれ A.「十分満足できる」状況と判断されるもの, B.「おおむね満足できる」状況と判断されるもの, C.「努力を要する」状況と判断されるものとして評価する。最終的に, これらの「観点別学習状況の評価」を総括し「評定」が行われる。この「評定」は, 小学校では低学年では行わず, 3年生以上は3段階で, 中学校は5段階で行われる。

(2) 評価の改善に至るまでの議論

　新学習指導要領の評価の改善にあたっては, 中央教育審議会初等中等教育分科会教育課程部会 (2019) の「児童生徒の学習評価の在り方について (報告)」の中で, 「現役の高校生や大学生, 新社会人等からも幅広く意見聴取」(p.5) したとされる。この報告の中では, ヒアリングから得られた大学1年生の声として,

> 「私の通っていた高校では…授業中に寝たらマイナス1点, 発言したらプラス1点といったように, 学力とは直接関係のないことをポイント化して評価を付けているという現状が実際にありました。…これだと, 能力がある子ではなくて, 真面目に授業を聞く子, それから, 積極的に発言する子というのが評価されてしまいますので, それらを意欲として評価し, それによって評定値を上下させるというのは, 評価の正当性に欠けていると思います。関心・意欲・態度という観点でポイントを付けたとしても, それは科目に対する意欲ではなくて, 授業に真面目に取り組むという意欲なので, 本来評価するべき点とすり替わってしまっていると, 私は思っていました。(同, p.4)」

といった声が紹介されている。こういった状況を踏まえ, 評価について「①児童生徒の学習改善につながるものにしていくこと, ②教師の指導改善につながるものにしていくこと, ③これまで慣行として行われてきたことでも, 必要性・妥当性が認められないものは見直していくことを基本」(同, p.5) として検討され, 新学習指導要領における評価は, 前述の形成的評価の意味合いをより強く意識した改善になっている。

(3) 「主体的に学習に取り組む態度」の評価

　国立教育政策研究所 (2020) が示した「『指導と評価の一体化』のための学習

評価に関する参考資料」に述べられているように、「主体的に学習に取り組む態度」の評価には、「① 知識及び技能を獲得したり、思考力、判断力、表現力等を身に付けたりすることに向けた粘り強い取組を行おうとしている側面」と「② ①の粘り強い取組を行う中で、自らの学習を調整しようとする側面」の2つの側面を評価する必要があると述べられており、図3.2のように説明されている。

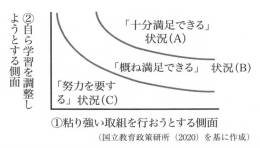

（国立教育政策研究所（2020）を基に作成）

図 3.2　「主体的に学習に取り組む態度」の評価の概念図

この図で注目すべきは、グラフが $y = x$ に関して対称になってはいないということである。つまり、①の「粘り強い取組を行おうとしている側面」がBの「概ね満足できる」状況や、Aの「十分満足である」状況に相当すると判断できたとしても、②の「自らの学習を調整しようとする側面」がC「努力を要する」状況に相当すると判断されれば、「主体的に学習に取り組む態度」の評価は、C「努力を要する」状況となりうることが、暗に意図されているものと考えられる。

では、「自らの学習を調整」とはどのようなことか。これは、自己調整理論に根差しているといえる。自己調整理論は、簡単にいうと、自分で自分をコントロールできるようにすることを目指した理論である。自己調整学習理論では、図3.3に示すように、自己調整サイクルとしてモデル化されることが多い。図のモデルは、予見段階、遂行段階、自己内省段階の3つの段階により構成され、学習の進行とともに循環していく。ただやみくもに学習を進めればよいというわけではない。学習に対する計画や動機付けがまず大切であり、学習の遂行中も、メタ認知をうまく働かせること、そして最後には、的確に省察できることが重要であるといえる。このように、自己調整学習は、メタ認知、動機付け、学習方略、自己評価など、あらゆる学習理論が関わる理論であるといえる。

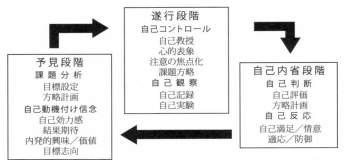

(Zimmerman & Campillo 2003, p.239, Figure 8.1 を訳出)

図 3.3　自己調整サイクルモデルの一例

3.2 数学教育における学力調査

3.2.1　国際的な学力調査

　数学教育に関わる国際的な学力調査として，代表的なものに TIMSS（Trends in International Mathematics and Science Study）と PISA（Programme for International Student Assessment）がある。以下では，この 2 つの調査について言及する。

(1)　TIMSS

A. 調査目的・対象集団

　TIMSS は，国内では「国際数学・理科教育動向調査」とも呼ばれ，国際教育到達度評価学会（IEA;International Association for the Evaluation of Educational Achievement）が，1995 年から 4 年ごとに実施している。「児童生徒の算数・数学及び理科の教育到達度を国際的な尺度によって測定し，児童生徒の学習環境条件等の諸要因との関係を，参加国／地域間におけるそれらの違いを利用して組織的に研究すること」が目的である（国立教育政策研究所，2021a）。一般に，各年の調査は，「TIMSS」と「実施された西暦」を合わせて，「TIMSS2019」のように表される。

　調査対象は，学校教育 4 年目の学年の児童（平均年齢が 9.5 歳以上）および，学校教育 8 年目の学年の生徒（平均年齢が 13.5 歳以上）である。日本では，小

学校第 4 学年，中学校第 2 学年の児童生徒が参加している。

　調査は，参加各国，抽出調査で実施され，できる限りその国の児童生徒の状況の縮図となるように対象者の抽出が行われる。日本の場合，公立校，国立・私立校，また，東京 23 区および政令指定都市，中核市，町村部などについて，実際の人数に比例した抽出となるよう考慮がなされている。TIMSS2019 においては，小学校第 4 学年の児童約 4,200 人（147 校），中学校第 2 学年の生徒約 4,400 人（142 校）が参加した。

B. 調査内容

　中学校第 2 学年の場合，数学と理科の問題が出題される。併せて，当該教科に対する態度や意識など（数学の勉強は楽しいか，数学を勉強すると役立つかなど）についての質問紙調査も行われる。TIMSS2015 までは筆記型の調査であったが，TIMSS2019 では，筆記型とコンピュータ使用型（以下，CBT（Computer-based Testing））から選択する方式となり，日本は筆記型で参加した。今後は，CBT への全面移行が計画されている。

　ここからは，数学の問題について触れていくこととする。図 3.4 は，TIMSS2019 の中学校第 2 学年の数学で出題された問題例である。左図は，提示された数値を用いて比の計算ができるか，右図は，対称移動の特徴を踏まえて角度を求められるかを問う問題である。こうした問題の他には，立式して文章問題を解く，図形の長さを求める，適切なグラフを選ぶなどの問題がある。全体として，教科で身に付けた知識の定着や知識の適切な活用を問うものが多く見られ，一般的に教科書や問題集で扱われるような，いわゆる従来型の問題が多い傾向にあるといえる。

　TIMSS2019 における数学の問題は，「内容領域」「認知的領域」の 2 領域の枠

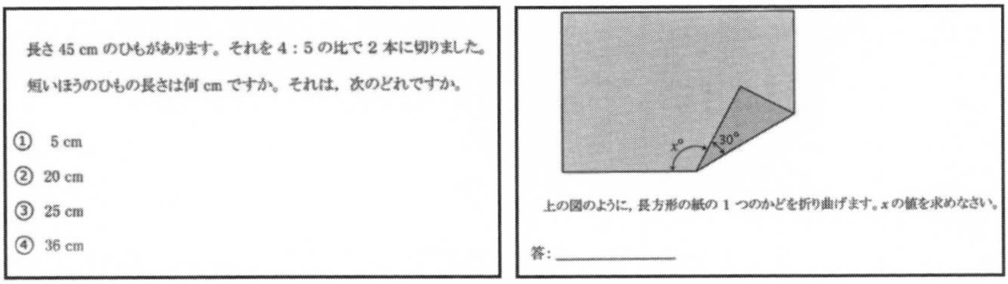

図 3.4　TIMSS における数学の問題例

組みによって構成されている（Boston College, 2017）。具体的には，「内容領域」は下位領域として「数」「代数」「図形」「資料と確からしさ」の4つが，「認知的領域」は下位領域として「知識」「応用」「推論」の3つが設定されている。数学の各問題は，「内容領域」「認知的領域」それぞれについて，1つの下位領域に分類され，図3.4左図は「数」「応用」の問題，右図は「図形」「推論」の問題である。

　TIMSSでは，問題冊子が複数種類あり，各調査対象者はその中の1種類を解答する。すなわち，全員が同じ問題に取り組んでいない。ただし，冊子間には共通の問題が組み込まれている。これは，重複テスト分冊法と呼ばれ，限られた調査時間でより多くの調査問題を出題して分析を可能とする方法である。また，異なる種類の問題冊子であっても統計的に比較が可能となるよう，項目反応理論（IRT；Item Response Theory）と呼ばれる理論が用いられる。項目反応理論では，ある問題に正解する確率を，解答者の能力の関数と捉えるモデルを仮定し，等化という手法によって異なる冊子を解答していても，同一の評価軸で評価することを可能とする。さらに，TIMSSは，経年変化を分析できるよう，新しい問題だけでなく，過去に使用された問題もそのまま出題される。こうした問題は公表ができないことから，一部の問題のみ公表される。なお，経年変化の分析にも項目反応理論が用いられている。

C. 調査結果

　表3.2は，中学校第2学年のTIMSS1995からTIMSS2019における数学の上位10カ国／地域（以下，国）とその平均得点を表したものである。上位5カ国を見ると，順位に変動はあるもののTIMSS1995からTIMSS2019まで，シンガポール，台湾，韓国，日本，香港と，ほとんどが東アジアを中心とする同じアジア圏の国々で占められている。

表3.2　TIMSSの上位国とその得点

TMSS1995※ (41ヵ国)		TMSS1999 (38ヵ国)		TMSS2003 (45ヵ国)		TMSS2007 (48ヵ国)		TMSS2011 (42ヵ国)		TMSS2015 (39ヵ国)		TMSS2019 (39ヵ国)	
シンガポール	609	シンガポール	604	シンガポール	605	台湾	598	韓国	613	シンガポール	621	シンガポール	616
韓国	581	韓国	587	韓国	589	韓国	597	シンガポール	611	韓国	606	台湾	612
日本	581	台湾	585	香港	586	シンガポール	593	台湾	609	台湾	599	韓国	607
香港	569	香港	582	台湾	585	香港	572	香港	586	香港	594	日本	594
ベルギー	550	日本	579	日本	570	日本	570	日本	570	日本	586	香港	578
スロバキア	534	ベルギー	558	ベルギー	537	ハンガリー	517	ロシア	517	ロシア	538	ロシア	543
オランダ	529	オランダ	540	オランダ	536	イングランド	513	イスラエル	516	カザフスタン	528	アイルランド	524
ハンガリー	527	スロバキア	534	エストニア	531	ロシア	512	フィンランド	514	カナダ	527	リトアニア	520
ブルガリア	527	ハンガリー	532	ハンガリー	529	アメリカ	508	アメリカ	509	アイルランド	523	イスラエル	519
ロシア	524	カナダ	531	マレーシア	508	リトアニア	506	イングランド	507	アメリカ	518	オーストラリア	517

※TIMSS1995は，中学校第1学年と第2学年が参加したが，比較のため中学校第2学年のみの結果を取り上げる。
国立教育政策研究所（2021b）をもとに作成

日本の結果を見ると，これまでの TIMSS の全ての年で，上位 5 カ国以内に位置している。特徴として，上位 5 カ国の中では，人口規模の大きい国であることが挙げられる。また，経年変化については，順位に大幅な変化はないものの，TIMSS2019 の結果は，過去のいずれの年よりも有意に得点が高い結果となっていることが報告されている（国立教育政策研究所 2021 a）。低・中位層（550 点未満）の生徒割合は小さくなるとともに，上位層（625 点以上）の生徒割合はこれまでの TIMSS の中で最も大きくなっている。相対的な順位だけでなく，児童・生徒の分布の変化に着目する視点も重要である。

(2)　PISA

A. 調査目的・対象集団

　PISA は，国内では「生徒の学習到達度調査」とも呼ばれ，経済協力開発機構（OECD ; Organisation for Economic Co-operation and Development）が，2000 年から 3 年ごとに実施している。「将来生活していく上で必要とされる知識や技能が，義務教育修了段階において，どの程度身に付いているかを測定する」ことを主たる目的とし，「知識や経験をもとに，自らの将来の生活に関係する課題を積極的に考え，知識や技能を活用する能力があるかを見る」ものである（国立教育政策研究所，2019）。各年の調査は，TIMSS と同様，一般に，「PISA」と「実施された西暦」を合わせて，「PISA2018」のように表される。

　調査対象は，多くの国で義務教育終了段階となる 15 歳である。詳細には，15 歳 3 カ月以上 16 歳 2 カ月以下で，第 7 学年（日本の中学校第 1 学年）以上の学年に在学していることが定められている。TIMSS は学年単位で対象が決定されるが，PISA は年齢を基準に対象が決定されるため，複数の学年段階の生徒が調査に参加する国もある。日本では，年齢と学年がほぼ対応しているため，PISA には，高等学校（中等教育学校後期課程，高等専門学校なども含む）第 1 学年の生徒が参加している。

　調査は，TIMSS と同様，参加各国，抽出調査で実施される。日本の場合，公立校，国立・私立校，また，普通科，専門学科について，在籍する生徒の人数に比例した確率で抽出を行なっている。PISA2018 においては，高等学校第 1 学年の生徒約 6,100 人（183 校）が参加した。

B. 調査内容

　PISA では，国語，数学，理科といった教科名は用いず，読解力，数学的リテラシー，科学的リテラシーの3分野が設定され，出題がなされる。「常に変化する世界にうまく適応するために必要な新たな知識・技能は，生涯にわたって継続的に習得していかなければならない」という考えに基き，その基礎になるものとして3分野が設定されている（国立教育政策研究所，2019）。調査は，読解力，数学的リテラシー，科学的リテラシーの順で，毎回，3分野のうちの1つが重点的に調査される中心分野となり，他の分野より時間をかけて調査・分析がなされる。PISA では，3分野以外に，家庭環境や学習習慣についての質問紙調査も行われる。また，以前は筆記調査型での実施がなされていたが，PISA2015 からは CBT に移行され，調査が行われている。

　ここからは，数学的リテラシーの問題について触れていくこととする。数学的リテラシーは「様々な文脈の中で数学的に定式化し，数学を活用し，解釈する個人の能力」と定義されており，図3.5 は，数学的リテラシーが中心分野となった PISA2012 で出題され，公表がなされている問題例である（国立教育政策研究所，2013，2019）。与えられた燃料消費量と費用削減の情報を読み取り，解決を行う問題である。この問題の他には，回転ドアの角度や円弧に関する問題，点滴の滴下速度に関する問題などがある。問題の多くは現実事象がテーマに設定され，それを数学を用いて解決するものとなっている。必要な情報を的確に読み取り，教科としての数学で身に付けた知識や技能を，いかに活用して問題解決ができるかを問われているといえる。

　凧のような帆は、ディーゼル燃料の消費を全体で約 20%削減する見込みがあると言われています。

船名：「ニューウェーブ号」

種類：　貨物船

船長：　117 メートル

船幅：　18 メートル

積載量（せきさいりょう）：　12,000 トン

最高速度：　19 ノット

凧のような帆を使用しない場合のディーゼル燃料の年間消費量：約 3,500,000 リットル

　「ニューウェーブ号」に凧のような帆をつけるための費用は 2,500,000 ゼットです。

　この凧のような帆をつけるための費用を、ディーゼル燃料の削減量で取り戻すには、およそ何年かかりますか。計算式を示して、答えを書いてください。

図 3.5　PISA における数学的リテラシーの問題例

　数学的リテラシーの問題は，「数学的なプロセス」「数学的な内容知識」「文脈」の 3 つのカテゴリーによって特徴づけられる。「数学的なプロセス」は，主にどのような能力を用いて解決していくかを，「数学的な内容知識」は，数学のどのような領域の知識を必要とするかを，「文脈」は，問題の内容がどのような文脈におけるものかを示しており，それぞれ次のような領域が設定されている。

　数学的なプロセス：「定式化」「活用」「解釈」

　数学的な内容知識：「変化と関係」「空間と形」「量」「不確実性とデータ」

　文脈　　　　　　：「個人的」「職業的」「社会的」「科学的」

　数学的リテラシーの各問題は，それぞれのカテゴリーについて，1 つの領域に分類され，図 3.5 は「定式化」「変化と関係」「科学的」の領域に該当する問題である。

　PISA も TIMSS と同様，全員が同じ問題に取り組んでいない。複数の問題フォーム（冊子に該当）が作成され，各生徒には，そのうちの 1 つが出題される。また，経年変化分析を目的に，過去の問題も出題されるため，公表される問題は一部である。PISA の分析も TIMSS と同じく，項目反応理論が用いられている。

C. 調査結果

　表 3.3 は，数学的リテラシーが初めて中心分野となった PISA2003 から PISA2018 における，数学的リテラシーの上位 10 カ国とその平均得点を表したものである。中国本土内の諸地域（北京・上海・江蘇・広東・浙江），シンガポール，マカオ，香港，台湾，日本，韓国といった東アジアを中心とするアジア圏の国が多く入っている。全体的な参加国数は増加しているが，継続して，こうした国々が 10 カ国の中でもより上位の方を占める傾向にあり（中国本土やシンガポールは PISA2009 から参加），TIMSS の結果と類似していることが分かる。

表 3.3　PISA の上位国とその得点

PISA2003 (40カ国)		PISA2006 (57カ国)		PISA2009 (65カ国)		PISA2012 (65カ国)		PISA2015 (70カ国)		PISA2018 (78カ国)	
香港	550	台湾	549	上海	600	上海	613	シンガポール	564	北京・上海・江蘇・浙江	591
フィンランド	544	フィンランド	548	シンガポール	562	シンガポール	573	香港	548	シンガポール	569
韓国	542	香港	547	香港	555	香港	561	マカオ	544	マカオ	558
オランダ	538	韓国	547	韓国	546	台湾	560	台湾	542	香港	551
リヒテンシュタイン	536	オランダ	531	台湾	543	韓国	554	日本	532	台湾	531
日本	534	スイス	530	フィンランド	541	マカオ	538	北京・上海・江蘇・広東	531	日本	527
カナダ	532	カナダ	527	リヒテンシュタイン	536	日本	536	韓国	524	韓国	526
ベルギー	529	マカオ	525	スイス	534	リヒテンシュタイン	535	スイス	521	エストニア	523
マカオ	527	リヒテンシュタイン	525	日本	529	スイス	531	エストニア	520	オランダ	519
スイス	527	日本	523	カナダ	527	オランダ	523	カナダ	516	ポーランド	516

国立教育政策研究所（2019）をもとに作成

　日本の結果を見ると，上位 10 カ国以内に位置している。TIMSS と同じく，上位国の中では，人口規模の大きい国であることが指摘できる。経年変化に着目すると，順位は変化しているが，PISA2018 は PISA2003 以降のいずれの年との間にも，得点に有意な差はないことが報告されている（国立教育政策研究所，2019）。順位の変化は 1 つの指標となるが，相対的な位置付けであることから，変化が主に自国の変化によるものか，他国の変化に伴うものであるのか，その影響を考慮しておく必要がある。なお，習熟度（得点率）レベル（低い方からレベル 1 ～ 6）の生徒割合の変化について，PISA2018 のレベル 5 以上の生徒割合は，PISA2003 と PISA2012 よりも有意に減少した。また，レベル 1 以下の生徒割合は，PISA2018 といずれの調査年とも有意な差は認められなかった。高習熟度の生徒の割合が少なくなったことについては，課題があるといえる。

3.2.2　日本国内の学力調査

　ここからは，日本国内の学力調査として，代表的な「全国学力・学習状況調査」について言及していく。

(1)　調査目的・対象集団

　全国学力・学習状況調査（以下，全国学力調査）は，文部科学省が 2007 年度から原則，毎年実施している調査である（2011 年度は東日本大震災，2020 年度は新型コロナウイルス感染症により中止）。調査目的は，次の 3 点である（文部科学省，2021a）。

　　1)　義務教育の機会均等とその水準の維持向上の観点から，全国的な児童生徒の学力や学習状況を把握・分析し，教育施策の成果と課題を検証し，その改善を図る

　　2)　学校における児童生徒への教育指導の充実や学習状況の改善等に役立てる

　　3)　そのような取組を通じて，教育に関する継続的な検証改善サイクルを確立する

　調査対象は，小学校第 6 学年，中学校第 3 学年の児童生徒であり，基本的には，全児童生徒が参加する悉皆調査で行われてきている（2010 年度・2012 年度は抽出及び希望利用方式）。国内における悉皆調査は，約 40 年ぶりであり，PISA2003 での読解力の順位の低下が，調査開始の大きなきっかけの 1 つとなった。

(2)　調査内容

　毎年実施されている調査教科は，算数・数学と国語であるが，ここでは数学について触れていく。数学の調査は，2018 年度までは，「主として『知識』に関する問題 A」と，「主として『活用』に関する問題 B」の 2 種類が設定され，調査がなされてきた。問題 A は，知識やその適用を問うような従来型の問題が多く，問題 B は，PISA を意識した活用力を問うような問題が中心となっていた。ただし，問題 A を通じて学力の底上げが図られたことや，問題 B を通じて授業改善の取り組みが学校現場に広がったこと，問題 A と B の区分が絶対的なものでな

くなりつつあることを背景に，専門家会議の議論を経て，2019年度以降はそうした区分をしないことになり，一体的に問う調査問題に変更されている（文部科学省，2017）。この調査問題は，2017年告示の中学校学習指導要領で示されている3つの柱「知識及び技能」「思考力，判断力，表現力等」「学びに向かう力，人間性等」の資質・能力は相互に関係し合いながら育成されるという考えを踏まえたものとなっている。なお，毎年，生活習慣や学習習慣についての質問紙調査も行われている。

図3.6は，2021年度の数学で出題された問題である。現実場面として，砂時計が取り上げられ，グラフを読み取ったり，関係性を見出したりすることが求められている。PISAで見られるような現実事象における活用力を問う要素を含む問題といえる。本問題は，学習指導要領における「関数」領域に該当し，小問(1)は「数量や図形などについての知識・理解」，小問(2)は「数学的な見方や考え方」が評価の観点となっている（国立教育政策研究所，2021c）。なお，この観点は，2008年告示の学習指導要領に基づいたものである。

(3) 課題

全国学力調査がはらんでいる課題の1つが，調査目的に，両立が難しい「全国的な学力状況を把握して，教育施策を検証すること」と「学校における教育指導に役立てること」の双方を含んでいることである。たとえば，川口（2020）は，これを「政策のためのテスト」と「指導のためのテスト」として，求められる要件は相互に矛盾することを指摘している。「政策のためのテスト」を行う場合，データの歪みやすい悉皆調査ではなく，抽出調査が望ましい。データの歪みとは，よりよい成績を目指すための不正などが該当する。また，施策の効果検証のためには，状況・環境などによって学力がばらついて測定されることが望まれ，全員が満点でない方が好ましいテストとなる。さらに，TIMSSやPISAの重複テスト分冊法のように，共通問題以外は全員が同じ問題を行わないことで，偏りなく，より広い範囲をカバーでき，精度を高めることができる。実際，CBT化に向けて，こうした点も検討がなされている（文部科学省，2021b）。一方で，「指導のためのテスト」を行う場合，実際に指導する教師が，学習者全員の結果を把握できればよいため，クラス・学校などの小さな単位で全員が参加すればよいことになる。

また，指導の成果を確認する場合は，最終的には全員が満点になることが理想となり，問題も統一されたものでよい。加えて，現在，全国学力調査はフィードバックに数カ月を要しているが，指導のためには早急なフィードバックが重要となる。

裴岩他（2019）も，こうした課題について，経年変化の分析の視点から指摘を行なっている。すなわち，教育施策を検討するには経年比較が必要となるが，そのためには TIMSS や PISA のように「同じ問題項目を異なる受検者群に受検させ，両者の結果を比較する」ことが重要で，そのためには「共通問題項目は原則公開しないこと」が求められる（日本テスト学会，2010）。一方，教育指導のためには，授業改善に向けて個々の児童生徒の結果のフィードバックが重要となり，問題の公開が必要となる。

「国としての施策の検証」と「学校での指導の改善」の2つの調査目的は，その手段が相容れない部分が多く，1つの調査で双方の目的を十分に達成するには困難さを抱えているといえる。

全国学力調査の課題としてもう1つ触れておきたいことは，結果の公表が学校現場に及ぼす影響についてである。全国学力調査は，都道府県別などの結果が毎年公表されており，順位が注目される。そのため，順位の向上や高順位の維持に向けた対策を行う自治体・学校も少なくない。ただし，社会的・経済的な背景は地域によって様々であると同時に，こうした違いは学力に影響を与えうるものである。たとえば，就学援助の割合が高い学校ほど，全国学力調査の成績は低くなる傾向にあることが報告されている（川口，2020）。しかし，各地域における社会的・経済的な状況についての調査が十分に行われているとはいえず，地域特性を考慮した結果の公表とはなっていないのが現状である。こうした中での順位向上の掛け声，それに伴う調査対策の取り組みは，得点の向上を目的化させ，現場の教師と児童生徒への重圧になりかねない（岡本，2018）。熱心な指導や学力の保障は，否定されるべきものではないものの，調査対策が本来の教育に必要な教師や児童生徒の時間と体力を奪い，学校現場を疲弊させてしまっては本末転倒である。1人ひとりが，教育の本質的な目的を見失わず，調査結果を冷静に見ながら，多様な要因を踏まえて考察する視点を持つことが重要となろう。

7 学級委員の健斗さんは、2分間スピーチの時間をはかるための砂時計をペットボトルで作ることにしました。その砂時計は、ペットボトルに砂を入れ、砂を通すための穴をあけた厚紙をペットボトルの間にはさんで作ります。

健斗さんは、ペットボトルに入れる砂の重さを決めると、砂が落ちきるまでの時間が決まると考えました。そこで、砂の重さが x g のときに、砂が落ち始めてから落ちきるまでの時間を y 秒として調べ、その結果を、次のように表にまとめ、下のグラフに表しました。

調べた結果

砂の重さと砂が落ちきるまでの時間

砂の重さ x (g)	0	25	50	75	100
砂が落ちきるまでの時間 y (秒)	0	11.9	24.2	36.0	48.3

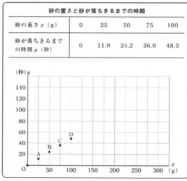

（1）調べた結果のグラフにおいて、砂の重さが 75 g のときに、砂が落ちきるまでの時間が 36.0 秒であったことを表す点はどれですか。点 A から点 D までの中から記号を1つ書きなさい。

（2）健斗さんは、2分をはかるために、砂時計に必要な砂の重さを調べます。

そこで、**調べた結果のグラフ**において、原点 O から点 D までの点が 一直線上にあるとし、砂の重さが増えてもすべての点が同じ直線上にあると考えることにしました。

このとき、2分をはかるために必要な砂の重さを求める方法を説明しなさい。ただし、実際に必要な砂の重さを求める必要はありません。

図3.6 全国学力・学習状況調査における数学の問題例

研究課題

1. これまでのわが国の評価方法の変遷を調べ、どのような問題が起こっていたか調べなさい。

2. 中学校第1学年の「方程式の利用」における学習指導要領における目標を調べ、そのうち「思考・判断・表現」を評価しうる、パフォーマンス課題を設定し、評価のためのルーブリックを作成しなさい。

3. TIMSS と PISA の調査内容を比較しながら、それぞれの特徴について述べなさい。

4. 全国学力・学習状況調査を、TIMSS と PISA との違いを明らかにしながら、説明しなさい。

引用・参考文献

Boston College (2017), TIMSS 2019 Assessment Frameworks, https://timss2019.

org/frameworks/（2021 年 8 月 30 日現在）

中央教育審議会（2021）「『令和の日本型学校教育』の構築を目指して：全ての子供たちの可能性を引き出す，個別最適な学びと協働的な学びの実現（答申）」

中央教育審議会初等中等教育分科会教育課程部会（2019）「児童生徒の学習評価の在り方について（報告）」

ハート, D.(1994)“Authentic Assessment: A Handbook for Educators”；田中耕治（監訳）（2012）『パフォーマンス評価入門：真正の評価論からの提案』，ミネルヴァ書房，京都

裵岩晶，篠原真子，篠原康正（2019）『PISA 調査の解剖』，東信堂，東京

金沢緑, 加藤明(2010)「マスタリーラーニング（完全習得学習）」；梶田叡一, 加藤明監修『改訂実践教育評価事典』，文溪堂，東京，pp.152-153

川口俊明（2020）『全国学力テストはなぜ失敗したのか 学力調査を科学する』，岩波書店，東京

国立教育政策研究所（2013）『生きるための知識と技能 5 OECD 生徒の学習到達度調査（PISA）2012 年調査国際結果報告書』，明石書店，東京

国立教育政策研究所（2019）『生きるための知識と技能 7 OECD 生徒の学習到達度調査（PISA）2018 年調査国際結果報告書』，明石書店，東京

国立教育政策研究所（2020）『『指導と評価の一体化』のための学習評価に関する参考資料 中学校数学』

国立教育政策研究所（2021a）『TIMSS2019 算数・数学教育／理科教育の国際比較 国際数学・理科教育動向調査の 2019 年調査報告書』，明石書店，東京

国立教育政策研究所（2021b）「国際数学・理科教育動向調査（TIMSS）の結果の推移等」https://www.nier.go.jp/timss/2019/result.pdf（2021 年 8 月 30 日現在）

国立教育政策研究所（2021c）「令和 3 年度全国学力・学習状況調査解説資料 中学校数学」https://www.nier.go.jp/21chousa/pdf/21kaisetsu_chuu_suugaku.pdf（2021 年 8 月 30 日現在）

文部科学省（2017）「知識・活用を一体的に問う調査問題の在り方について」https://www.mext.go.jp/b_menu/shingi/chousa/shotou/130/shiryo/__icsFiles/afieldfile/2018/09/07/1408240_3.pdf（2021 年 8 月 30 日現在）

文部科学省（2018）『中学校学習指導要領（平成29年度告示）解説総則編』，東山書房，京都

文部科学省（2021a）「令和3年度全国学力・学習状況調査リーフレット」https://www.mext.go.jp/content/20210315-mxt_chousa02-000012132-1.pdf（2021年8月30日現在）

文部科学省（2021b）「全国的な学力調査のCBT化検討ワーキンググループ　最終まとめ」https://www.mext.go.jp/a_menu/shotou/gakuryoku-chousa/1421443_00004.html（2021年8月30日現在）

日本テスト学会（2010）『見直そう，テストを支える基本の技術と教育』金子書房，東京

岡本尚子（2018）「学力調査」；岡本尚子，二澤善紀，月岡卓也編著『算数科教育』3章，ミネルヴァ書房，京都，pp.23-35

シェーンフェルド，A. H.（2008）「理解を目指した算数・数学」；深見俊崇監訳（2017）『パワフル・ラーニング：社会に開かれた学びと理解をつくる』3章，北大路書房，京都，pp.107-141

Zimmerman, B. J., Campillo, M.（2003），"Motivating self-regulated problem solvers"；J. E. Davidson, R. J. Sternberg　編，"The Psychology of Problem Solving", Cambridge University Press, New York, NY, pp.233-262

第 4 章

ICT を用いた数学教育

本章では，PC やタブレット，電子黒板，デジタル教科書，テレビ会議システム等を利用した数学の指導方法について検討する。第 1 節では ICT 利用の歴史と現状，第 2 節・第 3 節では具体的な指導事例を紹介する。

4.1 ICT 利用の歴史と現状

4.1.1 ICT とテクノロジー

　ICT とは，Information and Communication Technology（情報通信技術）の略であり，日本では 2004 年に総務省が使い始めて以降，教育の情報化の文脈で学校現場でも用いられるようになった。IT（Information Technology：情報技術）がハードウェアやソフトウェア，インフラなどの技術の文脈で用いられるのに対し，ICT は通信を介してつながる IT のサービスやその活用方法など，より広い文脈で用いられる。例えば，ロイロノート・スクールのように，特定のハードやソフトではなく，インターネットを介してクラウド上で共有されたシステムは，ICT による学習環境であるといえよう。

　一方，数学教育では算数・数学科で活用されるソフトウェアや Web 教材，グラフ電卓などのハードウェアを総称してテクノロジーと呼んできた。教育に利用されるコンピュータやそのアプリケーション・ソフトなどをテクノロジーと呼ぶ

ことは心理学や教育学の他の分野でも見られるが，数学教育の文献では今でも見られる表現である。また，GeoGebra のように，幾何や関数グラフ，数式処理など複数のアプリがウェブやデスクトップなど複数のプラットフォームで動作し，そのデータをクラウドで共有できるサービスが無料で利用できるようになっており，そうしたテクノロジーが ICT で提供されていると考えることができる。

4.1.2 ICT の教育利用の歴史

ICT の教育への利用は，コンピュータの教育への利用に始まる。1960 年代から 1970 年代にかけてのマイクロコンピュータ（現代のパーソナル・コンピュータの原型といえるもの）の開発や，1970 年代から 1980 年代にかけての普及に伴い，次第に学校でも使用されるようになっていった。

Jonassen（2000）によれば，こうした学校におけるコンピュータの伝統的な使い方として，次の三つが挙げられる。

- コンピュータからの学習（learning from computers）
- コンピュータについての学習（learning about computers）
- コンピュータとの学習（learning with computers）

1970 年代から 1980 年代にかけて，教育に利用されたコンピュータの主な用途の一つに CAI（Computer-Assisted Instruction）があり，学習者にドリル練習と個別指導を提供していた。CAI はコンピュータが学習者に教えるようプログラムされており，その目的は，学習者をあらかじめ設定された知識や技能の獲得に導くことであった。それが，「コンピュータからの学習」であり，教師の「教える」という行為を，疲れを知らず正確に自動で実行できるコンピュータに肩代わりさせたものであった。こうしたドリル練習は，刺激と反応の関連性を強化する行動主義の理論にもとづいており，正解者には報酬が与えられ，不正解者には再教育が行われた。ただ，個々の生徒が技能を習得する際には役立った反面，生徒にとって意味のある学習に必要な複雑な思考の育成にはつながらないなど，課題が残された。

1980 年代に入ると，コンピュータの教育利用に伴い，コンピュータについて学ぶことも重要であると考えられるようになった。それが，コンピュータ・リ

テラシーの文脈で，コンピュータのハードやプログラミングの方法について教える「コンピュータについての学習」である。その際，まだ便利なアプリケーションがなかったこともありプログラミング言語である BASIC（Beginners' All-purpose Symbolic Instruction Code）が使われるようになったが，思考力より知識の評価の方が容易であったことから，その学習内容はコンピュータの部品やソフトウェアの機能の暗記が中心であった。ただし，それらを暗記したからといって，コンピュータを理解して使いこなせるかどうかは別であった。また，どのような道具でもある程度の知識が必要であるが，コンピュータの生産的な使用には，コンピュータそのものの理解が必ずしも必要なわけではない。その後，コンピュータに触れる子どもが増え，インターフェースが向上してきたことに伴い，次第に学校ではコンピュータ・リテラシーは大きな問題ではなくなっていった。

1980 年代から 1990 年代にかけて，コンピュータが教師の代替を担う「コンピュータからの学習」ではなく，子どもの学びをサポートする，学びのプロセスにおけるパートナーとしてのコンピュータ利用の価値が見いだされてきた。それが「コンピュータとの学習」であり，教師が解釈した世界のコンピュータによる再現ではなく，子どもが積極的に知識を構成する環境がコンピュータによって提供されたのである。Jonassen ら（1999）によると，子どもがコンピュータとともに学ぶのは次のような場合である。

- コンピュータが，知識の構築をサポートする
- コンピュータが，探求をサポートする
- コンピュータが，行うことによって学ぶことをサポートする
- コンピュータが，会話による学習をサポートする
- コンピュータが，学習を反映してサポートする知的パートナーになる

こうした，「コンピュータとの学習」については，次の項で詳述する。

「コンピュータからの学習」と「コンピュータについての学習」，「コンピュータとの学習」はそれぞれ，コンピュータを ICT と置き換えることで，それ以降の ICT の教育利用の文脈を読み解く鍵になるといえるだろう。例えば，平成元年改訂の高等学校学習指導要領では，数学 A で「計算とコンピュータ」，数学 B で「算法とコンピュータ」を扱い，プログラムの構造を学ばせるとともに，コン

ピュータにおける算法について理解させることを目指した。また，2021 年度から使用の中学校の数学の教科書では，Scratch で関数のグラフをかいて調べるプログラムを載せたものや，データの活用で扱う四分位数などを求めることに関わり，プログラミングで数を並べかえることを扱っているものもある。ただし，それらは，かつての「コンピュータについての学習」が学校で扱われる学習と関わりのないコンピュータ関連のスキルや知識の習得であったものとは異なる。

「コンピュータからの学習」は，基本的に，決まった知識を教師の代わりに伝えるためデザインしやすく，1970 年代の認知主義的な学習観を経て，テキストやグラフィックで提示されるチュートリアル機能を持つようになった。また，1980 年代後半から 1990 年代前半にかけて，画像や音声，映像などが扱えるようになったことで「マルチメディア教材」に学習者が必要に応じてアクセスできるようになった。2000 年代に入りオンラインで動画を配信できる環境が整ってきたことから，「世界はひとつの教室」（カーン，2013）で知られるカーンアカデミー[注1]や，オンラインと対面とを組み合わせたブレンド型学習（Blended Learning）である反転授業などが登場してきた。こうした，いわば「ICT からの学習」は，学習者のペースにあわせた支援環境を構築でき，リメディアルにも役立つことから，子どもの個別最適化の学びにも通じるものである。なお，オンライン学習支援と同期・非同期の学びについては，節を改めて詳述する。

さらに，1990 年代後半から 2000 年代前半にかけて，インターネットによるコミュケーションが可能になったことで，コンピュータによって支援された協調学習（Computer Supported Collaborative Learning, CSCL）が登場してきた。これは，構成主義や状況的認知を経て，知識が対話によって社会的に構成されるという社会構成主義の考え方にもとづいて設計されており，知識を個人の頭の中だけではなく他者や道具との関係で捉えている。

注1）www.khanacademy.org.

4.1.3　数学教育における ICT 利用

　教育における ICT 利用は，それがどのような考え方に基づくのかによって，その使い方が多様であることを概観してきた。また，数学教育における ICT 利用でも，テクノロジーは問題解決や探求などの場面で，子どもの学びのプロセスにおけるパートナーとしての文脈で用いられてきた。どのような道具でも，どのような考え方でそれを用いるかが重要である。

　例えば，Photomath というスマートフォンで動作するアプリは，カメラで手書きの数式を読み取ると，その解答や途中式を提示してくれる（図 4.1）。

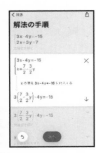

図 4.1　Photomath による数式処理

　Webel と Otten（2016）は，教室における Photomath の使用について，禁止や制限に関する論点を整理した上で，数学的な推論を促進するツールとしての使用を提案している。こうした議論は，これまでも電卓や数式処理システム（Computer Algebra System, CAS）などを教室で使用することに際し繰り返し行われてきた。生徒が，なぜその計算ができるのかを理解せずそうしたツールに依存するのであれば問題であるが，解法の手順を丁寧に追うことで，生徒に学び直しの機会が与えられるのであれば有用であろう。

　先述の「コンピュータとの学習」は構成主義（Constructivism）の考え方に基づいているが，Papert は学習を知識の再構成として捉えた上で，「構築主義（Constructionism）」を提唱した。前者は，学習者が既に持っている知識構造を通して環境と相互作用しながら，主体的に知識を構成していくことを学習と捉え，学習者の頭の中で起こる。後者は，さらに，学習者が知識を外化した人工物

である環境に働きかけ，環境を構築することが重要であると主張する。そうした構成主義や構築主義の考え方にもとづいて開発されたプログラミング言語がLOGOであり，コンピュータと人間の双方が「理解できる言葉で交流し合うこと」（Papert, 1980）がプログラミングすることである。例えば，タートルグラフィックスでは，子どもがタートルを動かし，コンピュータとのインタラクションによって図をかいていくことで，幾何的性質や数学的性質を学ぶのである。また，Cabriのような動的幾何ソフトを直接操作することで「理論的な対象や関係を視覚化し，物理的に操作できるマイクロワールドが提供される」（Laborde, 2001）のである。現在では，それらを対話型幾何ソフト（Interactive Geometry Software, IGS）や動的幾何環境（Dynamic Geometry Environments, DGEs）と呼ぶこともある。先述のGeoGebraについても，Kllogjeri（2017）は，Papert（1980）の「前提条件がシステムに組み込まれ，学習者がその前提条件を満たす」を引用し，インタラクティブな学習環境が提供されることに言及している。つまり，インタラクションを備えた学習環境であることが重要なのである。

　例えば，図4.2は，教科書等で扱われる軌跡の問題をGeoGebraで作成したものである。円Oの円周上の点Aから弦AP, AQを引き，それぞれの中点をM, Nとする。原問題は4点A, O, M, Nが同一円周上にあることを証明するものであるが，最初にAQや点Nを隠し，点Aや点Pを動かすなど操作をし，点Mの軌跡を観察する。そして，それらの軌跡から，3点P, O, Mや3点A, O, Mが，なぜ同一円周上にあるのかを考えさせたい。

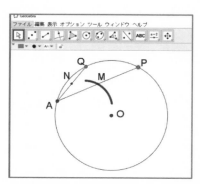

図4.2　GeoGebraで作成した教科書の軌跡の問題

ここで，線分 MO を作図して観察すると，∠OMP あるいは∠OMA が 90° になることが予想される。そこで，なぜ∠OMP（＝∠OMA）＝ 90°となるのかを考えると，三角形 OAP は二等辺三角形であり，点 M は中点であることから，AP ⊥ OM であることに気づく生徒もいるだろう（図 4.3）。また，AR が円 O の直径になるよう円周上に点 R をとると，点 O は AR の中点であるから，三角形 APR について中点連結定理を用い，MO∥PR より，∠AMO ＝∠APO ＝ 90°であることを示す生徒もいるだろう。次に，AQ を表示させ，円 O 上に点 A や P だけでなく，Q を動かして観察すると，点 A を動かしたとき，OP や OQ を直径とした二つの円が軌跡としてあらわれるが，点 P や Q を動かしたときには AO を直径とした円周上に点 M や N があることが観察される。そこで，なぜ 4 点 A, O, M, N が同一円周上にあるのかを考えると，先の二つの示し方以外にも，中点連結定理を用いると円 O に内接する四角形 ARPQ と 4 点 A, O, M, N を結んでできる四角形 AOMN が相似であることに気づく生徒も出てくるだろう（図 4.4）。

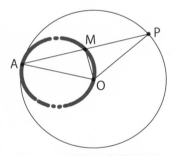

図 4.3　二等辺三角形 OAP

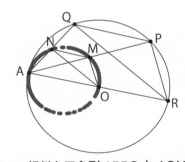

図 4.4　相似な四角形 ARPQ と AOMN

このように，教科書に載っているような問題をもとにしても，インタラクティブに操作・観察し，予想するなどの探究活動ことを通して，生徒が多様な示し方で問題解決にアプローチするような教材の作成が可能である。同様の活動は，Cabri II Plus のような有料ソフトでも行うことができるが，Cinderella2 や desmos などの無料のソフトウェアや Web アプリでも実現でき，PC だけでなくタブレット端末でもブラウザ上で動作可能である。なお，2021 年 6 月時点で，先述のように GeoGebra は複数の数学アプリを使うことができ，作成したファイルを Web 上で共有することができるため，教材も多数公開されている。また，

desmos も幾何学ツールだけでなくグラフ計算機や関数電卓，四則演算電卓，行列計算機を使うことができ，さらに desmos に対応したデジタル教材も準備され，米国の多くの州で実施される定期試験やカレッジのデジタル入学試験でも使用されている。

　日本では，これまでにも動的幾何ソフトである Geometric Constructor，関数グラフソフトである GRAPES（図4.5）や 3D-GRAPES（図4.6），十進BASIC などのフリーのソフトウェアが開発され，学校現場で活用されてきた。GRAPES は Web サイトから本体以外にマニュアルと多くのサンプルがダウンロードできるだけでなく，学習指導案や数学教育関連サイトへのリンクも掲載されている。Geometric Constructor も，Web サイトに掲載された豊富な事例をもとに教材や授業を作る際の考え方を学ぶことができる。なお，Geometric Constructor には GC/html5 が，GRAPES には GRAPES-light がブラウザ上での動作に対応しており，タブレット端末でも使用できる。

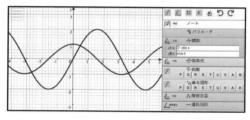

図4.5　GRAPES

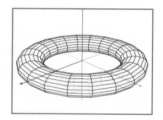

図4.6　3D-GRAPES

　他にも，ヒストグラムを作成するフリーソフトである SimpleHist や stathist が開発された。例えば，図4.7 は，バレーボール部4チームの身長データを与え，どのチームが強いかを考えさせるために，SimpleHist で作成したヒストグラムである。バレーボールでは，平均身長が高いと有利だといえるのか，上位6人の身長を比較するのか検討し，それぞれの根拠に基づいて与えられたデータを表計算ソフトなどで分析するような授業が構想されるだろう。こうした統計ツールについても，statlook や 3-histograms のようにブラウザで動作するソフトが開発されている。そのため，生徒のタブレット端末の画面を電子黒板に映しながら，対話的な授業を行うことも可能である。なお，図4.8 は，札幌・東京・那覇

の 2020 年の平均気温のデータから statlook で作成した度数分布多角形と箱ひげ
図である。

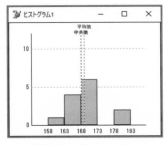

図 4.7　SimpleHist

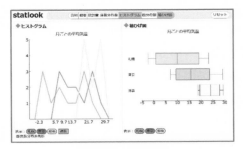

図 4.8　statlook

4.2　ICT の具体的な利用方法

4.2.1　黒板と電子黒板

　情報を提示する教具として黒板の歴史は長く，現在でも黒板の効果的な使用法
の研究はされており，「板書」は数学に限らず多く教科の指導法に深く関わると
ともに，「Bansho」として諸外国でも研究が進んでいる。

　現在普及し始めている電子黒板のルーツは，1950 年代から 1960 年代にかけて
教育現場に普及した OHP（Overhead projector）に辿り着く。OHP とは，透
明のシートに書かれた文字や図形をシートの下から強い光線を当て，鏡で方向を
変え拡大してスクリーンに投影する機器である（図 4.9）。この OHP を黒板に代
替する情報提機器として積極的に取り組んだ教師も多い。特に OHP の利点は，
板書のように生徒に背を向ける必要がなく，常に生徒の学習状況を把握できる点
にある。数学科の実践では，森田（1979）の事例に見られるように，オリジナ
ルのシート（Transparency, TP）を作成し，OHP を使用する授業が考案された。
また，複数のシートを重ねることで図形を動的に提示したり，生徒に OHP シー
トに証明を書かせてそれを発表させたりするなど，さまざまな活用が見られた。
さらに，前時の授業のシートを用いれば前時の振り返りや復習も容易にできた。
しかしながら OHP は，板書に比べ情報量が多く，生徒が理解したりノートにま

とめたりする時間の確保等の配慮が必要であった。

　過渡期には，透過型液晶画面が開発され，教育現場に普及していた PC について，その画面を OHP によって投影することもできるようになった。その後，液晶プロジェクタが普及し，PC の画面を投影できるようになると，OHP から置き換わっていった。そして現在，電子黒板としては，PC の画面を短焦点型の液晶プロジェクタでセンサを内蔵するホワイトボードに投影する方式が普及している（図 4.10）。また電子黒板は，スマートフォンのタッチパネルのように，専用のペン等でホワイトボードをタッチすると，内蔵されたセンサによってホワイトボードのどの点がタッチされたかを検出し，電子黒板を制御するソフトウェアに伝えられる。初期の電子黒板は，毎回スクリーンの調整が必要であったが，固定された短焦点型の液晶プロジェクタでは，機器の設置の手間が不要になるなど準備の負担が軽減した。

図 4.9　OHP
(by Bomas13,licensed under CC BY-SA 4.0)

図 4.10　電子黒板

なお，電子黒板の利点として，次の 4 点が挙げられる。

1)　作成した問題や PDF にしたファイルを表示するなど，情報の提示が容易である。また，電子黒板上にコンパスや分度器，三角定規が用意されており，作図をしたり計測したりすることができる。

2)　電子黒板に書き込んだ内容は保存でき，次時の授業で活用できる。

3)　ソフトウェアを利用すれば，グラフをかいたり，描いた図形を変形したりするなど，数学的な見方・考え方を共有することができる。

4)　生徒が手元のタブレットに書き込んだ内容を複数表示できるため，班ごとに課題に取り組ませ，それを発表させ，さらに学習集団全体で深め合う活動

ができる。

　その一方で，電子黒板は情報提示が容易であるため，OHP や液晶プロジェクタと同様に，情報量が過多にならないよう，適切に活用する必要がある。

4.2.2　教科書とデジタル教科書

　教科書は，法令上，他の教材とは異なる位置づけを有している。2019 年 4 月 1 日に学校教育法等の一部を改正する法律が施行され，学習者用デジタル教科書を制度化するための規定が整備された。学習者用デジタル教科書とは，紙の教科書と同一の内容がデジタル化された教材であり，学習用コンピュータなどの端末において子どもが使用するものである。文部科学省（2018）によれば，児童生徒の学習を充実させる場合や，特別な配慮を必要とする児童生徒等に対し，文字の拡大や音声読み上げ等により，その学習上の困難の程度を低減させる必要がある場合など，必要に応じて紙の教科書に代えて学習者用デジタル教科書を使用することができる。そこで，2020 年度からスタートした GIGA スクール構想では，子どもたちに 1 人 1 台の端末を配備するなど，学校における ICT 環境の整備が進められている。なお，GIGA とは「Global and Innovation Gateway for ALL」の略である。

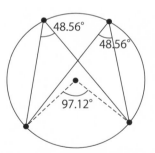

図 4.11　円周角の定理

　図 4.11 は円周角の定理において円周角が一定であることを示すコンテンツであるが，このようなコンテンツが，現在は学習用デジタル教科書のひとつのコンテンツとして取り入れられ，誰でも利用できるようになった。学習用デジタル教科書によっては，こうしたコンテンツを一方的に提示するだけでなく，関数ツー

ルや図形ツール，統計ツールなどを組み込むことで，教科書に掲載されている題材を授業で活用したり，教師が教材をアレンジしたりすることができるものもある。こうしたツールには，前節で取り上げたソフトウェアと同等の機能を有するものもあり，学習用デジタル教科書においても，生徒がツール上で自由に操作をすることで考察するなど，生徒が探求を行うことができる環境を提供している。

また，こうしたコンテンツの活用は，清水（1999）によれば，「知識を自分で作りあげる」生徒の活動のうち，主に次のことを支援するのだという。

- 「みる」活動の支援
- 「探索し・発見する」活動の支援
- 「観察し・実験する」活動の支援
- 「いつでも成り立つ理由を考える」活動の支援

図 4.11 の場合，生徒が点を動かしながら試行錯誤する中で，円周上を通るときだけ角度が一定の値になることを「見る」ことや，動かして確かめることで「観る」こと，実際に経験することで探りとらえることで「診る」ことなど，視覚化（visualization）の効果があることが考えられる。一方で，作図した際の性質を保ったまま図形を動的に変形できることで，このコンテンツが紙上の何枚もの図と同じ価値があるといえるが，それは多くの例において成り立つことを示す具体例の収集であり，「いつでも成り立つ」ことを示しているわけではない。むしろ，「いつでも成り立ちそう」であることを確信した生徒に対し，「いつでも成り立つ理由」を説明するために，証明を行うことを活動の中心に据えることができるのではないだろうか。

紙の教科書でも，動画や音声，アニメーションによるイメージ等，補助的な資料や学習内容の補充として，紙面に掲載された QR コードを学習用端末で読み取ることで，デジタルコンテンツを利用することができる。また，図 4.12 や図 4.13 のような，GeoGebra などを用いた探求を前提にした教材を扱う教科書もある。これらは，飯島康之（2021）でも取り上げられる，ICT 利用における有名な問題でもある。図 4.12 では，生徒は四角形 ABCD の各頂点を動かしながら観察することで，四角形 EFGH の向かい合う辺がいつでも平行を保ちながら動くことを発見したり，それが凸四角形だけでなく凹四角形でも成り立つかどうか試した

りするなど，様々な場合を探索することで，成り立ちそうなことを発見するのである。また，AC や BD など，対角線を引いて動かすことで，中点連結定理の利用に生徒は気づくだろう。これは，「探索し・発見する」活動の支援だといえる。

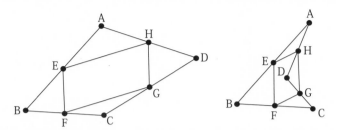

図 4.12　四角形 ABCD の各辺の中点を結んでできる四角形 EFGH

図 4.13 では，四角形 ABCD が平行四辺形ならば内側にできる四角形は長方形になり，正方形やひし形ならば四角形はできない。それでは，四角形 ABCD が長方形や台形ならばどのような形があらわれるのか，それが一般の四角形ならばどうなるのか，生徒が予想しながら調べていくことで，性質が明らかになるなど，「観察し・実験する」活動を行うことができる。清水（1999）によれば，こうした活動が知識を自分で作る第一歩となる。

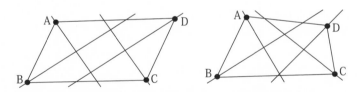

図 4.13　四角形 ABCD の各頂点の角の二等分線を結んでできる形

他にも，身の回りから放物線とみられる曲線を見つけ，写真に撮って関数グラフソフトに読み込み，その写真になるような関数の式を調べたり，3 月の平均気温を x℃，桜の開花日を 4 月 y 日として，この x と y の組を表計算ソフトに入れて点をプロットし，開花日を予想したりするなど，教科書をもとに，ICT を活用した様々な数学的活動を実現することができる。

4.3 数学動画コンテンツ制作とオンラインによる学習支援

4.3.1 不登校の子ども・外国人の子どもの学習支援

　本節では，不登校の子どもや外国人の子どもの算数・数学学習支援，さらには感染症，自然災害等で対面授業が困難な状況下における学習支援において，効果的なオンラインの活用方法について述べる。

　2019年度の不登校の小学生は53,350名（前年度比8,509人増，19.0%増），中学生は127,922名（同8,235人増，6.9%増）と，ここ数年再び増加傾向にある。これを全小中学生との割合で見ると，小学校は約122人に1人，中学校は約25人に1人の計算となり，中学校では1学級に1人の不登校生徒が在籍していることを前提として学級経営を行なっていく必要がある。また，不登校になる要因は，学校の問題（友人・教職員関係，学業不振），家庭の問題（親子関係，生活環境），本人の問題（非行，無気力，情緒不安定，病気）など多岐にわたっていることから，その克服には個に応じた対応が重要となる（文部科学省，2020）。

　加えて，不登校が長期化すると学業面での支障が生じ，学力保障が課題となる。現在在籍する学校において不登校であっても，小学校から中学校，中学校から高等学校へと周辺環境が大きく変化する時点においては，それを克服するチャンスが訪れることになる。したがって，学力を保障する体制を構築することで，進路選択の可能性が大きく拡がるのである。

　他方，2018年度の日本語指導が必要な児童生徒数は50,759人（前回2016年度調査比6,812人増，15.5%増）と，大幅な増加が続いている。また，全高校生等と比較して，日本語指導が必要な高校生等の中途退学率は約7.4倍と，言語や教科の教育内容の理解のためのサポート体制に大きな課題があることが推察される（文部科学省，2019）。

　こうした多様な支援を必要とする子どもたちに対して，教員のサポートとともに，各教科の学習を自宅等で補完できるオンライン学習支援システムの構築と，誰もが容易にアクセス可能なプラットフォームづくりが課題解決に不可欠となる。

筆者らは，2016年より，不登校，院内学級，特別な学習支援の必要な子ども
や，日本語指導の必要な外国人の子どもへの算数・数学学習支援に取り組んで
きた。大学生がパワーポイントの動画・録音機能を用いて日本語版算数・数学動
画コンテンツを制作し，それを留学生が多言語対応版に翻訳したものを，専用
YouTubeサイトとホームページで公開してきた。図4.14は，多言語対応版動画
コンテンツ制作のシステム構成図である。

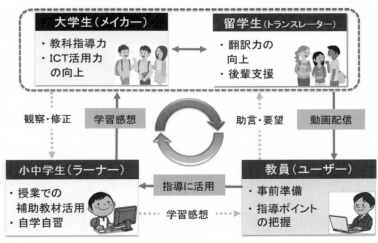

図 4.14　多言語対応版動画コンテンツ制作システム

　左上側の大学生はコンテンツ制作者であり，教員養成の一環として，大学講義
で制作方法を習得し，パワーポイントによるアニメーション機能や録音機能を活
用して日本語版の教材を制作する。それを右上側の留学生が，スライドの文字と
音声をそれぞれの母語（ポルトガル語，韓国語，ベトナム語，中国語，英語）に
翻訳する。右下側の教員はコンテンツの活用者であり，各学校・学級の実態に応
じて必要な動画コンテンツを子どもたちに紹介・提供する。その後，大学側へは，
使用感想や改善要望を定期的にフィードバックすることで，動画コンテンツの改
良につなげる。左下側の学習者は，多言語対応などのサポートを得て，算数・数
学内容の理解を深める。併せて，学習者からの使用感想や，学習過程の観察から
改善点を明確化し，次の制作に活かす。

　動画コンテンツの画面構成は図4.15のようになっており，左側が日本語版，

右側が（ブラジル）ポルトガル語版である。画面構成を全て同じにすることで，教員が多言語版の内容を日本語版で確認することができるようになっている。

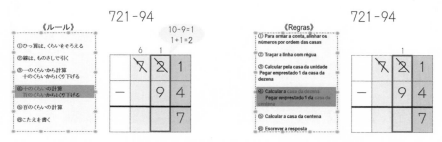

図 4.15　動画コンテンツの画面構成（左：日本語，右：ポルトガル語）

　現在までに制作した多言語対応版算数・数学動画コンテンツ数は，小学校 1 年生から高校 3 年生まで，合わせて約 2,000 本である。制作した動画コンテンツは，専用 YouTube サイト，及び専用ホームページで無償公開している。2021 年 3 月末時点で，視聴総数は約 75 万 7 千回，チャンネル登録者数は約 3,020 人である[注2]。併せて，練習用テキストも PDF ファイルで公開している。また，要望のある学校に対しては，DVD，SD カードなどを郵送することで対応している。

4.3.2　学校休校時のオンライン学習支援

　コロナ禍による 2020 年 3 月から約 3 か月間にわたる全国学校一斉休校は，日本の学校現場に多大な影響をもたらした。小学校から高等学校では，各家庭のインターネット環境や操作技術の差により，学習支援において学校間，地域間格差が大きい結果となった。GIGA スクール構想の早期実施により 1 人 1 台のタブレットの整備などで状況は大きく変化していくと予想される。

　図 4.16 は，オンラインを用いた学習方法について，一斉学習と個別学習，同期型と非同期型に分類して，それぞれの使用方法を示したものである。左上の I はテレビ会議システムによる授業，右上の II はオンデマンドによる授業，左下の III は個別の面談授業・相談，右下の IV は個別の困りごとに対応した補習・予習授

注 2）検索サイト「京都教育大学公式 YouTube」と入力でヒットする。

業といった活用が考えられる。今後は，対面授業，分散登校，学校休校といった
様々な事態に応じて，これらのオンライン授業を使い分けていく必要がある。

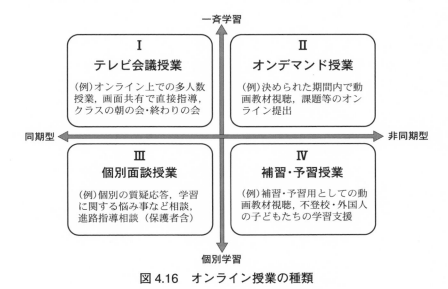

図4.16　オンライン授業の種類

　筆者は，全国学校一斉休校の学習支援に対応すべく，2020年4月より，未習
の小学校算数内容を自学自習できるようになることを目的に，約900本（2021
年3月時点）の動画を制作してきた[注3]。また，聾学校教員と連携して，聴覚に
障がいのある生徒向けの字幕版も作成している。これらの動画は，図4.16のⅡ
やⅣとして活用可能なものである。

　授業動画制作は試行錯誤を繰り返した結果，黒板を用いた対面授業形式ではな
く，家庭教師のように子どもの隣に座って指導するような画面構成として，筆者
の左肩上にビデオカメラを設置し，手元のノート記述と口頭による解説を撮ると
いったものにした。

　また，特定の算数科の教科書の内容に偏るのではなく，日本全国の子どもたち
の算数学習に対応できるよう自前で教材作成を行なった。使用する様々な教材は，
自宅にある調理器具，冷蔵庫に入っている食材など身近なものを最大限に活用し，

注3) 検索サイト「黒田先生と一緒に学ぼう」と入力でヒットする。

子どもたちが自宅で実際に検証できることを意図した。内容のレベルについては，当該学年の内容に留まらず，上学年で扱う内容への橋渡しとなるような動画コンテンツも積極的に制作することで，様々な学習段階の子どもにも対応可能なようにした。学習に必要なプリント類は全て自作し，ホームページからダウンロードできるようにした。

今後は，自学自習用の中学校，高等学校数学版の動画教材の開発も望まれるところである。

4.3.3　オンライン学習支援の未来

外国人，不登校，病弱などの子どもの学習支援は，これまで解決すべき問題であると認識しつつも，有効な手立てを見いだせない日本の教育課題であった。併せて，一斉休校等は，多数の子どもが学校に通うことができない状況を生み出した。その意味で，オンライン学習支援は，上記の特別な学習支援を必要とする子どもだけに留まらず，全国の子どもの学習支援を継続させる重要なツールであることが改めて浮き彫りになった。

今後，オンライン学習を効果的に実施していくために，学習者及び指導者は，以下の能力を向上させることが目標となる。

1）学習者は，多様な数学動画コンテンツの中から，個々の理解の特性に応じたものを自らが選択し，独自の学習計画を立てられるようになること。

2）指導者は，多様な学習者の特性に応じて，既存の数学動画コンテンツを選択・紹介するとともに，新たな数学動画コンテンツを開発することができるようになること。

研究課題

1. 教科書に掲載された図形の問題を動的幾何ソフトウェアで動かし，生徒が探求するための教材を作成せよ。
2. 動的幾何ソフトウェアや関数グラフソフト，統計ツールなどICTを利用した教材を考案し，それを用いた学習指導案を作成せよ。
3. 個別の学習支援を必要とする子どもたちの状況について各種調査データをも

とに分析せよ。ICT の活用が，こうした子どもの学習支援にどのように有効
であるかを検討せよ。

引用・参考文献

バーグマン，J.，サムズ，A.，上原裕美子訳，山内祐平，大浦弘樹監修（2014）『反転授業』，
　　オデッセイコミュニケーションズ，東京

Eloise, R. A. et.al. (2018), Bansho: Visually Sequencing Mathematical Ideas. ,
　　Teaching Children Mathematics, 27(6), pp.362-369

東原義訓（2008）「我が国における学力向上を目指した ICT 活用の系譜」，日本教育工
　　学会論文誌，32(3), pp.241-252

飯島康之（2021）『ICT で変わる数学的探求』，明治図書，東京

Jonassen, D,H.（2000），"Computers As Mindtools for Schools: Engaging Critical
　　Thinking"（second edition），Prentice Hall，NJ.

Jonassen, D,H. et.al.（1999），"Learning With Technology :A Constructivist
　　Perspective"，Prentice Hall, NJ

カーン，S.，三木俊哉訳（2013）『世界はひとつの教室』，ダイヤモンド社，東京

Kllogjeri, P.（2017），"GeoGebra in Teaching and Learning Mathematics in
　　Secondary Schools"，LAMBERT Academic Publishing, Moldova

Laborde, C.（2001）「フランスの算数・数学教育へのテクノロジーの統合」日本数学教
　　育学会誌，83（10），pp.44-54

文部科学省（2018）「学習用デジタル教科書の効果的な活用の在り方に関するガイドラ
　　イン」（平成 30 年 12 月）
　　https://www.mext.go.jp/b_menu/shingi/chousa/shotou/139/
　　houkoku/1412207.htm

文部科学省（2019）「「日本語指導が必要な児童生徒の受入状況等に関する調査（平成
　　30 年度）」の結果について」（令和元年 9 月 27 日）
　　https://www.mext.go.jp/b_menu/houdou/31/09/1421569_00001.htm

文部科学省（2020）平成 31 年度「児童生徒の問題行動・不登校等生徒指導上の諸問題
　　に関する調査」（令和 2 年 10 月 22 日）

https://www.mext.go.jp/b_menu/houdou/mext_00351.html

文部科学省（2021）「GIGA スクール構想の下で整備された 1 人 1 台端末の積極的な利活用等について（通知)」（令和 3 年 3 月 12 日）

https://www.mext.go.jp/a_menu/other/index_00001.htm

森田武平（1979）「OHP と形成的評価をとり入れたひとりひとりを生かす授業の実践」日本数学教育学会誌，61(3), pp.62-71

Papert, S.A.（1980），"Mindstorms: Children, Computers, And Powerful Ideas"，Basic Books, NY

清水克彦（1999）「図形ソフトがもたらす数学科・図形分野の新しい展開」；清水克彦，垣花京子編『コンピュータで支援する生徒の活動』1 章，明治図書，東京，pp.5-20

Webel, C., Otten, S.（2016），Teaching in a World with PhotoMath, The Mathematics Teacher, 109(5), pp.368-373

山内祐平（2011）「デジタル教材の開発と教育方法」；日本教育方法学会編『デジタルメディア時代の教育方法』1 章，図書文化，東京，pp.90-99

第5章

STEAM 教育における数学教育

本章では，これまで数学教育で蓄積されてきた研究成果をもとに，STEAM 教育における数学教育のあり方について検討する。第1節では，数学教育の中で取り組まれてきた他領域との融合的教育研究について述べる。第2節では，STEAM 教育の目的と内容について述べる。第3節では，STEAM 教育における数学教育の取り組み実践例について述べる。

5.1 数学教育の中で取り組まれてきた他領域との融合的教育研究

　ここでは，数学教育研究で取り組まれてきた現実事象の問題を数学を駆使して解決する数学の文化史，総合学習，数学的モデリングを述べる。

5.1.1 数学の文化史と数学を中心とする総合学習

(1) 数学の文化史

　1980 年以来，横地により開拓された数学の文化史は，数学を広く文化の一環として捉え，文化の発展に果たしてきた数学の役割を今日的視点から分析・追求するものである（横地，1991・1994）。ここでの文化とは，歴史的分野に限定されるものではなく，日常生活の諸活動を含めて，現代から今後の将来を見通した包括的な意味を表す。横地（2001）は，数学教育学の研究領域の一つに「数学教育と文化」を位置付け，数学の文化史を設定している（他には数学史，芸術と

数学，民族と数学などを設定）。「数学教育と文化」や「数学教育史」の研究領域は，今後の数学教育の目標の設定や内容を検討する際の支えとなるものである（黒田，2008）。

数学の文化史の背景は，「数学が無味乾燥であり，何のために学ぶのかが分からない」，「数学が抽象的であり，学習者自身で解法の検証がなされずに教師の判断で正否が決定される」といった学校教育現場からの声によるものであった。数学の文化史を学校教育に取り入れ，学習者自身が数学の有用性や実生活との関連を実感させることで，理系離れや数学嫌いの克服を目指したのである。数学の文化史の代表的な実践研究の内容には，画法史，日時計，地球儀の幾何，北欧の風土などの教材が挙げられ，これまでも小学生から大学生までを対象に幅広く実践がなされてきた。学習者の生活や文化に関わる問題意識と結び付けた課題設定，作業・観察・製作による体験的な活動，高次で体系的な数学の活用と結果検証の試行錯誤的な過程を通して，学習者自らが創造的に解決を行なった。すなわち，学習者が教材の持つ原理や文化史的背景の学習と，数学を学び進んで生かす学習を相互に補強し合うことで，数学が文化の中の一部分として密接に関係していることを認識できるようになるのである。

数学の文化史に関わる実践研究は，海外の教育者にも評価されるようになり，数学の文化史をテーマとする国際会議が1991年から1998年（計4回），数学教育5か国（日本・中国・ドイツ・アメリカ・フランス）会議が1986年から1996年（計6回）に開催された。さらに，1998年からは，国際会議と数学教育5か国会議が組み合わさった「数学教育・数学の文化史・情報科学」の会議が開催され，数学の文化史に関わる研究内容や研究方法が討議された（横地，2003）。国の基準としての学習指導要領の目標・内容にとどまらず，これまで当たり前と考えられてきた学校教育を，国内外の数学教育研究の立場から，今後の数学教育のあり方を見直す契機となった。

(2) 数学を中心とする総合学習

前項で述べた「数学の文化史」の研究成果については，1985年頃に横地が開拓した「数学を中心とする総合学習」をもとに，学習者自らが意欲的に高次の数学を学習していくための実践研究として位置付いた（菊池，2001）。図5.1は，

数学を中心とする総合学習の流れを，筆者が図式化してまとめたものである。

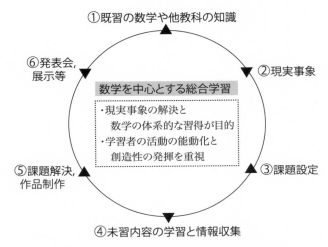

図5.1　数学を中心とする総合学習の流れ

　まず，対象とする現実事象を扱う上での既習の数学内容や他教科の知識を整理しておく（①・②）。次に，学習者の興味・関心や問題意識に応じた課題設定を適切に行い（③），課題解決に必要な数学内容を明確化した上でコンパクトに体系的な学習や情報収集を行う（④）。情報収集には，学習者の実験，観察，製作といった体験的な活動を踏まえる。続いて，課題解決を行うことや作品製作などを行い，学習者の成果物に対して分析・評価する（⑤）。最後に，学習者の成果に対する結果や意義を見出し，作品展示会や発表会という形で外部に公開する（⑥）。

　したがって，数学を中心とする総合学習では，学習者が現実事象を対象に体験的に問題解決することだけが目的ではなく，数学を体系的に習得するために，数学を中心として関連教科（理科，工学，芸術，技術など）の学習が扱われたのである。

(3)　まとめ

　数学の文化史と数学を中心とする総合学習の特徴をまとめると，次のとおりである。

　1)　数学の文化史では，数学が文化の一環としての役割を担うものであり，学

習者は人類が培ってきた文化に位置付いた数学の有用性や，数学と文化の関連を実感できるようになること。

2) 数学を中心とする総合学習では，学習者の身の回りに潜む問題を設定し，数学と他教科の知識を駆使して解決することは，学習者の能動性や創造性を引き出すことができるようになること。

5.1.2 現実性をもつ課題の総合学習と数学的モデリング

(1) 数学教育における問題解決

1980年代以降，現実的な課題に対して数学を駆使して解決する総合学習や数学的モデリングに着目する。これらの背景の一端には，学校教育現場で扱われる教材が，現実事象と数学との関連を十分に有していないこと，数学の応用が広範に進み教育が不可欠という認識が高まったこと，学習者が問題解決の過程に意欲的に取り組むことへの重要性が指摘されたことなどに因るものである（三輪，1983）。数学教育の現代化で顕在化した課題を乗り越えるための数学教育の新たな方向性への転換が図られたのである。

そこで，学習者自身が習った数学の知識を現実事象の解明を目的に分析・考察する力の育成をねらいとして，松宮・柳本らの研究グループは，「現実性を持つ課題の総合学習」を提唱し，次の4つの条件に基づく教材開発と教育実践を行なった（松宮，1995）。

①現実性を持たせた課題を設定すること。ここでの現実性とは，自然事象，社会事象，日常生活などの具体的な事象を指す。

②学習者が課題解決の過程の中で，習った数学の知識や技能を総合的に活用すること。

③学習者が課題解決の過程の中で，実験，実習，作業，製作，教具を扱うこと。教具には，関数電卓，グラフ電卓，プログラミング電卓，コンピュータなどが当てはまる。

④教材はある程度まとまりのある一連性を持たせること。教材は単発的でなく10時間程度の授業内容を指す。

数学的モデリングと総合学習は，現実問題を解決するという点で密接に関連し

合っていることからも，総合学習は数学的モデリングの一つの手法として扱うことができる。実際，総合学習における教材開発や教育実践では，図5.2に代表されるような数学的モデリングの過程をたどることになる（柳本，2011）。

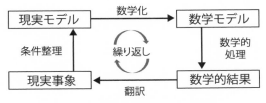

図 5.2　数学的モデリングの過程

　図5.2の数学的モデリングの過程を説明する。まず，問題解決する必要のある現実場面（現実事象）を設定し，解決に至るまでの条件整理を行うことで現実モデルを作成する。次に，現実モデルを数学的な表現（数量化，図式化，式化，変数化など）に置き換えるといった数学化を行い，数学モデルを作成する。続いて，数学モデルから数学的処理を行うことで数学的結果を導出する。最後に，得られた数学的結果をもとに，現実の場面を翻訳して評価を行う。なお，数学モデルや数学的結果の段階を行う際には，テクノロジー機器（コンピュータ，関数電卓，グラフ電卓など）が積極的に扱われる。課題解決の場面で必要とする煩雑な数学的処理を容易にすることや，事象の裏側に潜む原理・法則をシミュレーションしてモデルの予測や検証することに役立てられる。

　この他にも，日本の数学的モデリングの過程に関するものには，池田（1992），西村（2001・2012）などが挙げられており，中・高等学校を対象に目的や手段に応じて研究が進められてきた。学習者が数学的モデリングの過程を繰り返し実行することで，より一層質の高い問題解決を行うことが可能となり，数学が日常生活や社会問題に役立つことや数学の学ぶ意義を実感できるようになる。

　総合学習／数学的モデリングの教材で扱われる数学内容は，中学校から高等学校のレベルに該当するものが大半であり，テーマも自然現象（ブルーギルの個体数，高層ビルの影など），社会事象（原材料の在庫調整，年金問題など），日常生活（ティーカップ，写真など）で広範な内容設定で多岐にわたる（松宮・柳本ら，1995；Max Stephens・柳本，2001；柳本，2011）。教材の利用については，既

習の数学を総合的に活用し内容理解を図ることも含めて，その多くは数学授業の単元末やまとまりの中で取り扱われてきた。

　一方，総合学習／数学的モデリングの検討すべき課題は，日本の数学教科書に明確に位置付けられていないことや，数学の授業時間数の確保が容易でないことなどが挙げられる。そのため，現実事象と数学の関係性を積極的に取り上げようとすると，指導者の力量に委ねられることになる。しかし，中・高等学校数学科の学習指導要領（文部科学省，2018a・2019）の改訂では，「現実の世界」と「数学の世界」を相互に往還する課題解決の活動が重視されていることからも，今後は学習者の認識特性や教育環境に応じて，積極的に教育内容に組み入れて実践することが望ましい。

(2) まとめ

　現実性をもつ課題の総合学習と数学的モデリングの特徴をまとめると，次のとおりである。

1) 学習者が現実事象を既習の数学を駆使して課題解決する過程を通して，数学と実生活とのつながりを実感することや，数学を学ぶ価値に対する認識を高められるようになること。

2) 学習者が現実事象の分析に，コンピュータや電卓のテクノロジー機器の活用や観察・実験などの実践活動を取り入れることで，数学内容の理解を伴いながら，数学の具体的な活用方法を習得できるようになること。

5.2 STEAM 教育が目指すもの

　ここでは，教科横断的な問題解決を行う STEAM 教育について，国が定める基準と数学教育研究の立場から概観し，数学を中心とする STEAM 教育を検討する。

5.2.1 STEAM 教育とは

　近年，情報通信技術の急速な進展や，超少子高齢社会といった人類が未経験の時代が到来する中にあって，課題先進国としての日本の教育は，社会的課題の解決や新たな価値を創造できる力の育成が希求されている。来たるべき

Society5.0の実像化に対応すべく，新たなテクノロジー教育を推奨するEdTech（Educational Technology）や，創造的な課題解決に各教科の知識を融合的に活用するSTEAM教育の先進的な取り組みが提案されている（経済産業省，2018・2019；文部科学省，2018b）。

　STEAM教育とは，科学（Science），技術（Technology），工学（Engineering），芸術（Art／Arts），数学（Mathematics）の頭文字をとった教科横断的な教育の名称である。芸術は，Artとしてのデザインや創造性と狭義的に捉えるものから，Artsとしての文化，政治・経済，生活，芸術などを含めた教養として広義的に捉える立場がある。STEM教育にAが加わることで，5つ領域が相互補完的な役割を果たしながら，学習者が様々な視点から問題解決し，新しい価値の創造を目指していく。

　元々，STEAM教育はアメリカで提唱されたものであり，国の競争力の低下抑止やイノベーションを発揮する科学技術人材の育成をねらいに推進されてきた。その背景には，テクノロジーの活用や社会の変化に柔軟に対応できる人材の不足などが挙げられている。諸外国では，アメリカをはじめとして中国，オランダ，シンガポール等で積極的にSTEM／STEAM教育の研究が推進されているが，それに比べると日本のSTEAM教育の実践例は十分であるとは言えない。今後の日本の教育動向としては，学習指導要領（2018a・2019）に位置付く中学校の「総合的な学習の時間」，高等学校での「総合的な探究の時間」や共通教科「理数科」の中で，STEAM教育の視点を含めた教科横断的な学習をより一層重点化していく方向にある。日本の数学教育の形に見合ったSTEAM教育を構築していくためには，国が定める基準内容と数学教育研究で蓄積されてきた知見をもとに重層的に検討を進めていくことが重要である。

5.2.2　国が定める基準としてのSTEAM教育

　STEAM教育などの実社会の問題を解決する文理融合的な学習に際しては，小・中学校，高等学校の学校種や学習者の特性に応じて柔軟に対応していく必要がある。小学校では，プログラミング教育の導入や理科・算数，図画工作，生活など，中学校では，従来の理科・数学，技術・家庭や総合的な学習の時間

など，高等学校では，理科・数学，情報，総合的な探究の時間，共通科目「理数」などの教科や課外活動と連動した取り組みが望ましい。とりわけ，日本のSTEAM教育は，高等学校の中で重点的に取り組まれていくことからも，ここではSTEAM教育との滑らかな接続化が期待される新教科「理数科」について述べる。

図5.3は，2000年代からの高等学校における理数教育の流れをまとめたものである。2018年度の高等学校の学習指導要領改訂では，「理数科」に「理数探究基礎（1単位）」と「理数探究（2〜5単位）」が新設され，2022年度入学生から全面実施の予定である（文部科学省，2019）。普通科の生徒を対象とした理数科の目的は，理数の知識を活用した課題解決を通じて探究の過程全体を遂行する上での必要な知識・技能を習得し，それらを活用して新たな価値を創造することである。

それに先駆けて2002年度から，理系教科に優れた科学技術人材の育成を目的に，先進的な理数教育を行うスーパーサイエンスハイスクール（SSH）事業が一部の高等学校で実施され，進学実績や情意面の向上に高い教育成果を上げてきた（小林・小野・荒木，2015）。ただし，SSH事業での「スーパーサイエンス生徒研究発表会」の研究内容は，「数学」の取り組みが「理科」の取り組みに比べてかなり少ないことが検討課題として挙げられる。その一因には，数学は抽象度が高く，学習者自らが数理的な原理・法則を見出すことや，問題に対する考え方や解法の妥当性の検証が容易でないことが考えられるため，学習者の自力解決の場と指導者の指導の手だてによる多様な工夫が求められることになる。

他方，2012年に高等学校数学科では，学習者に数学の有用性や面白さを実感させることをねらいとする科目「数学活用」が設置され，身の回りの事象の数学を重視する活動がより一層推進された。しかし，指導者間での指導法や評価方法のノウハウの共有が困難であること，大学入学試験に扱われないといった理由から2022年より廃止となった。

したがって，他教科の知識や技能を総合的に活用して取り組むSTEAM教育の実施にあたっては，教育内容（目標，指導法，評価など）が十分に検討されないままでの形式的な導入には危険が伴う。とりわけ，数学がSTEAM教育にど

のように寄与するのか，具体的には，数学がSTEAM教育の方法として位置付くだけでなく，STEAM教育の内容をどのように高めていくのかを追求する視点で捉える必要がある。

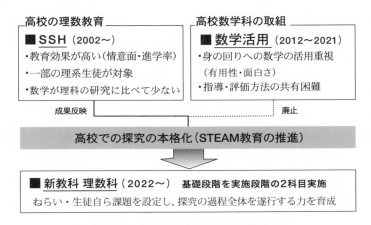

図5.3　高等学校における理数教育

5.2.3　数学教育学研究の立場から見たSTEAM教育

　これまでに蓄積されてきた数学教育学の研究成果（数学の文化史，総合学習，数学的モデリングなど）をもとに，数学教育の形に相応しいSTEAM教育の内容を構築していくことが重要である。黒田（2014）は，数学教育が担う重要な役割の一つとして，数学を体系的に捉える力を育成するとともに，科学技術への応用や現実事象の解明の観点から，数学を具体的に活用できる力の養成を挙げている。こうした力の育成を効果的なものにするための数学を中心とするSTEAM教材の開発と，総合的な指導・評価方法の確立を並行して進めていく必要がある。

　そこで，数学を基盤とするSTEAM教育の内容の充実を図るための重要な視点としては，次の2点を組み入れるようにする。

①学習者が数学を十分に扱える内容を構成すること。数学が問題解決の手法としてSTEAM教育に位置付くだけでなく，問題解決過程の中で数学内容を発展させることで数学を体系的に扱えるようにする。

②学習者個々の問題意識や興味関心に応じた課題を設定し，数学の活用と結果

検証の試行錯誤を起こしながら解決すること。数学が事象の解明や新たな予測を行う上で重要な役割を果たすことを，学習者に認識できるようにする。

数学を中心とする STEAM 教育の枠組みについて，数学と 4 つの領域（科学，技術，工学，芸術）の関わりを示すと，図 5.4 のとおりである。

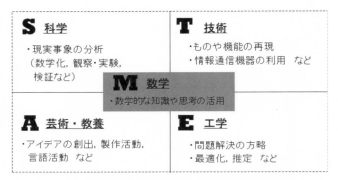

図 5.4　数学を基盤とする STEAM 教育

科学（S）と数学（M）：現実事象の分析

数学モデルの作成と数学的処理，観察・実験による実証的な活動などが挙げられる。

技術（T）と数学（M）：ものや機能の再現

概念やイメージを情報通信機器や道具を活用することで，それを可視化・具現化するなどが挙げられる。

工学（E）と数学（M）：問題解決の方略やシミュレーション

課題認識から解決策を考案し，実行・評価に至るまでの枠組みを設計することや，問題解決に対する最適化や推定などが挙げられる。

芸術・教養（A）と数学（M）：創造や表現

アイデアや考えを創出すること，製作活動や言語活動による新たな価値の創出などが挙げられる。

したがって，数学と他領域との関連を鑑みながら現実事象の解明と数学の体系的な習得を可能とする数学教材を開発し，教育実践による実証的な検証を行なっていくことが重要である。学習者のエビデンスを精緻に分析し，今後の数学教育としての内容配列を検討していかなければならない。

5.3 STEAM 教育における数学教育の取り組み実践例

　ここでは，筆者らが提案する数学教育の問題解決を示す「数学的探究モデル」と，数学と他教科との接点を持つ「オリガミクス」を概観し，それらを踏まえた STEAM 教育における数学教育の取り組み実践例を述べる。

5.3.1 数学教育における問題解決の枠組み

　学習者自らが現実事象に対して，数学的な観点から問いを立て，客観的に妥当な仕方に基づき，数学内容を適用・活用し，問題解決することが可能になると考えられる「数学的探究モデル」を述べる。

　数学的探究とは，「様々な現実事象に対して，数学的な観点から問いを立て，科学的思考を用いて問題解決すること」である。図 5.5 は，数学的探究モデルの枠組みを図式化したものであり，「(1) 問題発見」，「(2) 計画」，「(3) 情報収集」，「(4) 情報整理」，「(5) 数学的処理」，「(6) 振り返り」

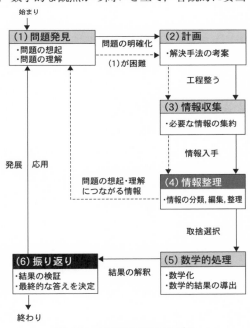

図 5.5　数学的探究モデル

の段階で構成される。「(1) 問題発見」から「(4) 情報整理」の役割は，情報に基づき問題を明確化する，問題を解釈・翻訳して数学的な問いを立てることである。「(5) 数学的処理」から「(6) 振り返り」の役割は，数学を適用・活用して，結果を確かめることである。

　数学的探究モデルの中で重点的に扱うべき段階は，「(5) 数学的処理」と「(6) 振り返り」である。その理由は，学習者にとって現実事象を対象に数学の活用と

結果検証による試行錯誤が容易ではないからである。その意味において，これらの段階は，指導者の方で基礎・基本的な内容を丁寧に押さえた上で，生徒主体に移行させた方が，学習効果の高い数学を中心とする探究活動の実現が期待できると考える。

5.3.2 数学教育とオリガミクス

(1) オリガミクスとは

折り紙は，先人たちが長い年月をかけて継承してきた遊戯伝統文化の一つであり，人が紙を折る行為は創意工夫の育成や他者とのコミュニケーションを活発化させる点で重要な役割を果たしてきた。折り紙作品の紙を開くと，そこにはたくさんの図形（頂点，辺，面など）が数多く含まれている。今日では，折り紙自体の原理・仕組みを科学的に分析する「オリガミクス（造語：Origamics）」が確立されるようになり，数学（特に幾何学），工学・建築分野への応用，生物との関係，医療分野，教育分野など，様々な領域で学際的に研究がなされている（萩原・奈良，2019；三浦ら，2018）。

折り紙の特性の一つは，紙を展開収縮できる点にあり，折り紙の設計技法では，目的の形を創り出すために，折り紙の数理を基盤に，設計の工程を整理し，テクノロジー機器を活用した展開図の設計が行われている。折り紙の工学分野への応用としては，折り紙のもつ特性や性質をヒントに，日用品から医療・宇宙までといった幅広い分野を対象に製品・商品が開発されている。例えば，「ミウラ折り」の技術を活用した人工衛星のパラボラアンテナや地図は，ワンタッチでの折り畳みと展開が可能となった。この他にも，生物との関係では，昆虫の羽の折り畳み，医療分野では，折り紙ステントグラフト（医療器具），折り紙の歴史研究では，折り紙の発展や折り鶴の起源の解明，折り紙と教育では，幼児教育から高校・大学レベルの数学教育の教材開発と教育実践が行われている（芳賀，1996；黒田・岡本，2014）。

(2) オリガミクスの教育的意義

折り紙を数学教育で扱う利点については，次の6点が挙げられる。

①折り紙は数学，理科，工学，芸術などとの関連が強く，日常場面から現実事

象を対象に幅広く問題設定が可能であること。

②道具は紙のみであり，いつでも・どこでも・手軽に使用することができること。

③折り紙で図形（線・角・多角形・多面体など）の制作が可能であること。

④条件を変えて様々な折り方が試せるために，学習者自らが試行錯誤できること。

⑤同じ題材においても小・中・高等学校の算数・数学内容に対応可能であること。

⑥紙を折るという操作活動から，図形の特徴や成り立つ性質を確認することが可能であること。

これらのオリガミクスの教育的利点を，図5.5の数学的探究モデルの各段階と対応させると，①が「(1) 問題発見」，②が「(2) 計画」，③・④・⑤が「(5) 数学的処理」，⑥が「(6) 振り返り」に概ね位置付く。したがって，数学を中心とするSTEAM教育の内容を開発実践において，数学的探究モデルとオリガミクスを取り入れることにより，学習者自らが試行錯誤の中で問題解決を行う一事例になり得ると考える。

5.3.3 取り組み実践例

STEAM教育における数学教育の取り組み実践例としてオリガミクスを取りあげ，筆者らが取り組んできた「ダイヤカット缶の数理[注1]」と「船の荷物積載の数理[注2]」を紹介する。

(1) ダイヤカット缶の数理

ダイヤカット缶とは，トラス（三角形の骨格構造）を立体的に組み合わせた，切子細工のような独特の形の加工が施された缶のことである。缶の側面部分にダイヤカット構造を施すことで，缶の強度を維持したまま材料費が削減できるため，

注1）葛城元・黒田恭史（2016）「科学的思考方法の習得を目指したオリガミクスによる数学教材の開発—ダイヤカット缶を題材として—」数学教育学会誌，**57**（3・4），pp.125-139と，葛城元・黒田恭史・林慶治（2017）「数学教育における知識創造を目指した数学的探究モデルの設計と教育実践」知識共創，**7**, pp. Ⅳ 3.1-12に詳しい。

注2）葛城元・黒田恭史（2019）「数学的探究の習得を目指したオリガミクスによる数学教材の開発—船の荷物積載を題材として—」数学教育学会誌，**60**（3・4），pp.111-120と，葛城元・黒田恭史（2020）「数学的探究の習得を目指したオリガミクスによる高校生への教育実践—船の荷物積載を題材として—」数学教育学会誌，**61**（1・2），pp.59-69に詳しい。

利益向上と環境保全を実現している。

　ここでは，高等学校第1学年を対象に，ダイヤカット缶の折り紙模型から図形の特徴や性質を見出し確かめる活動と，それをもとに学習者の興味関心や問題意識に応じたオリジナル作品の制作と数学的分析を行なった（数学（M），技術（T），芸術（A）が関連する実践内容）。

A. 簡易版缶模型の制作と分析

　ダイヤカット缶の構造を単純化した折り紙の模型となる「簡易版缶模型」の制作と分析を3～4名のグループで行なった（図5.4の数学的探究モデルの「(5)数学的処理」と「(6) 振り返り」の段階）。なお，本時の前にオリガミクスによる三角形の形状決定について，三角形の四心（外心，内心，重心，垂心）をもとに学習している。

　まず，図5.6のように，簡易版缶模型の展開図から制作した。次に，簡易版缶模型の側面部分にある三角形に，三角形の四心（外心，内心，重心，垂心）を適用・活用した。続いて，三角形の四心の位置関係から，三角形が直角二等辺三角形であることを特定した（証明は前時で行なった）。併せて，三角形の四心を実際に折り紙で作図することで，数学的な結果を確かめた。学習者らは，簡易版缶模型の側面部分の三角形に，三角形の四心を図示するこ

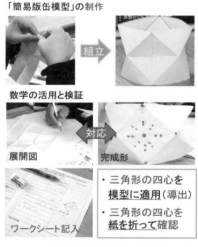

図 5.6　簡易版缶模型の制作と分析

とで数学的な内容の特徴や性質などを把握しようと工夫を凝らしていた。さらに，平面図（正八角形）や立面図はどうなるか，オイラー線（三角形の外心，重心，垂心に関する定理）はどこに現れるかなど数学の発展的な内容についても言及していた。

B. オリジナル模型の制作と分析

オリジナル模型の制作と図形の特徴や性質を見つける活動をグループで行なった（図5.5の数学的探究モデルの全ての段階）。はじめに，オリジナル模型の制作に必要な情報を適宜収集しまとめた。今回，展開図を構成する図形は多角形に限定した設計させた。図5.7は，学習者らが制作した

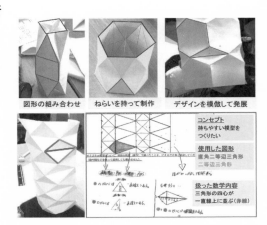

図5.7　オリジナル模型の制作と分析

オリジナル作品の一部である。図内の上部にある作品のように，「身近な図形を組み合わせて制作したもの」「何かねらいを持って新しく制作したもの」「何かのデザインを模倣・発展させて制作したもの」などをねらいにしていた。

図内の下部にある機能性を重視したオリジナル模型を紹介する。数学的分析には，直角二等辺三角形と二等辺三角形に対する三角形の四心を扱っていた。これらをもとに，2つの図形を合体させると，2組の三角形の四心が一直線上にあることを記述していた。グループ同士の交流発表では，オイラー線の長さが長くなるため，人間の人差し指がひっかかって持ちやすくなることにも触れており，学習者同士で作品を評価する活動も行われた。

C. ダイヤカット缶の数理のまとめ

教育実践の結果をまとめると，次のとおりである。

1) 簡易版缶模型やオリジナル模型に対して，図形の性質を中心的に分析し，紙を折る検証活動を通じて，三角形の四心の妥当性を検証した。三角形の四心の位置関係（オイラー線）の発展内容にも接近した。

2) 簡易版缶模型では，ダイヤカット缶を単純化してそのモデルを折り紙で再現する活動を行なった。そして，オリジナル模型の制作では，学習者らの興味関心や問題意識に応じて，機能面やデザイン面を重視して創造性を十分に発揮しながら取り組めた。

(2) 折り紙船の荷物積載の数理

　折り紙船の荷物積載は，人や貨物を運ぶための「商船」を題材に教材化したものである。近年，商船の経済効率の向上のために，できるだけ多くの物資をまとめて運ぶことが求められていることから，商船の大型化が進行してきている。

　ここでは，高等学校第2学年を対象に，折り紙船に積載できる重りの最大個数を求めて実験検証を行なった（数学（M），科学（S），工学（E）と関連する実践内容）。

A. 折り紙船の制作

　船の荷物積載の場面を紹介し，船に多くの荷物を積載する際に必要となる「船の大型化」に着目した。船の容積（体積）と浮力の関係を視覚化させるために，荷物の積載個数を考えるようにした。

　そこで，本時では，船を「折り紙」，荷物を「重り」に置き換えて考えるようにし，課題を「折り紙船に重りは最大何個まで積載できるか」と設定し，課題解決に個別・協同学習で取り組んだ（図5.5の数学的探究モ

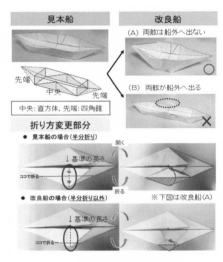

図5.8　折り紙船の制作

デルの「(5) 数学的処理」と「(6) 振り返り」の段階）。

　はじめに，折り紙船の基準となる見本船を制作した。次に，見本船と同じサイズの一枚の紙を用いて，折り方の一部分を変更して，改良船を制作した。図5.8において，見本船の場合の折り方に着目すると，基準の長さに対して半分に折っている。この箇所を半分折り以外で折れば，改良船を制作できる。なお，見本船と改良船の完成形は，両船ともに中央部分の図形は直方体，先端部分の図形は四角錐である。

B. 折り紙船の数学的分析

　折り紙船（改良船）の体積公式（三次関数）を作ることに取り組んだ。今回は，

解析幾何による数学的な分析を行うために，図5.9のように改良船の展開図の中心を原点に設定して体積に必要な構成要素の数式化に取り組んだ（関数電卓も積極的に活用）。図内の改良船の中央部分の高さ（①〜⑦）を求める際には，展開図内の図形に着目し，図形の方程式（直線の方程式や線分の内分点の座標など）を活用した。改良船の中央部分の縦・横（⑧〜⑩）を求める際には，図形の性質（三角形の内接円，三角形の合同・相似など）をもとに求めた。

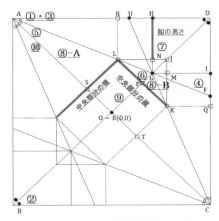

図5.9　折り紙船の展開図

　折り紙船（改良船）に重りを最大個数積載するために，作成した体積公式や重りの配置なども考慮して最適な折り紙船の設計を行なった。図5.10は，改良船の設計の結果（全17班）を整理したものである。図内の①から⑥における変数 t の変域は $0 < t < 1$ であり，改良船全体の体積最大は，計算上では⑥の値になる。しかし，重りを改良船に積載するだけの幅が確保できないため，⑤の値のように重り1個を積載する幅を改めて調整し直す必要がある（最適解は

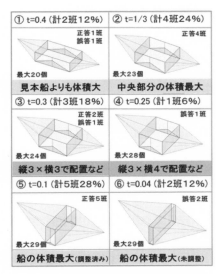

図5.10　折り紙船の設計結果

$t ≒ 0.102$）。具体的には，折り紙船（改良船）全体の体積（t の三次関数）に対して，微分法を用いることで，最大値となる t の値を決定した（$t = 22/519 ≒ 0.042$）。「重りの配置方法」では，重りの寸法と中央部分の縦・横をもとに，一次方程式を解いて，t の値を最終的に決定した（$t = 0.10$）。t の値を体積公式に代入することで，

改良船の体積を約 301 cm^3 と求めて，一次方程式を解いて重りの個数を 29 個と決定した。単に改良船の体積を考えればよいのではなく，実際的な場面を考慮しながら最適解を探っていく活動が試行錯誤の実現につながっていくと考える。

C. 折り紙船の実験・検証

学習者らが設計した結果をもとに，耐水紙を用いた改良船を制作と重りの積載実験を行なった（図5.11）。学習者らは，数学により得られた計算の結果の妥当性を検証するといった実験の目的を理解した上で，活動に取り組むことができた。実験で生じた誤差の意味や対処法を学習者自身が検討し，答

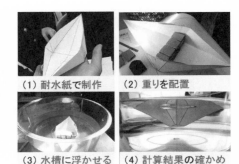

（1）耐水紙で制作　（2）重りを配置

（3）水槽に浮かせる　（4）計算結果の確かめ

図 5.11　折り紙船の実験検証

えを見出すことも問題解決の重要な要素であるため，指導者が積極的に取り上げる必要があるだろう。

D.「折り紙船の荷物積載の数理」のまとめ

教育実践の結果をまとめると，次のとおりである。

1) 折り紙船に対する分析では，数学（図形の性質，図形と方程式，微分法など），理科（浮力と容積）を総合的に活用し，課題解決のために最適な折り紙船の設計を行なった。

2) 学習者自らが，設計結果をもとに学習者自身が折り紙船の制作と重りを配置し，船の重りの積載実験による検証活動を通して最適解を見出し，課題解決に至った。

研究課題

1. これまで数学教育研究で蓄積してきた数学の文化史，総合学習，数学的モデリングの中から，実践例を一つ取り上げて具体的に記述しなさい。

2. STEAM 教育の目標と構成について，国が定める基準と数学教育研究における立場から要点をそれぞれ整理して記述しなさい。

3. 中・高等学校の STEAM 教育における実際の授業展開を考え，指導の留意点を検討しなさい。

引用・参考文献

芳賀和夫（1996）『オリガミクスによる数学授業』明治図書，東京

萩原一郎・奈良知恵（2019）『おもしろサイエンス折り紙の科学』日刊工業新聞社，東京

池田敏和・山崎浩二（1992）「数学的モデリングの導入段階における目標とその授業展開のあり方に関する事例的研究」日本数学教育学会誌，75(1)，pp.26-32

経済産業省（2018）「「未来の教室」と EdTech 研究会　第1次提言」
https://www.meti.go.jp/shingikai/mono_info_service/mirai_kyoshitsu/pdf/20180628001_1.pdf.

経済産業省（2019）「「未来の教室」ビジョン 第2次提言」
https://www.meti.go.jp/shingikai/mono_info_service/mirai_kyoshitsu/pdf/20190625_report.pdf.

菊池乙夫（2001）「数学を中心とする「総合学習」への発展」；横地清・菊池乙夫編著『数学を中心とする総合学習の展開』明治図書，東京，pp.94-106

小林淑恵・小野まどか・荒木宏子（2015）「スーパーサイエンスハイスクール事業の俯瞰と効果の検証」文部科学省科学技術・学術政策研究所第1調査研究グループ，
http://www.nistep.go.jp/wp/wp-content/uploads/NISTEP-DP117-FullJ.pdf.

黒田恭史（2008）「数学教育学とは」；黒田恭史編著『数学科教育法入門』共立出版，東京，pp.1-11

黒田恭史（2014）「数学教育における実践とは」；黒田恭史編著『数学教育実践入門』共立出版，東京，pp.1-40

黒田恭史・岡本尚子（2014）「幾何教育における実践」；黒田恭史編著『数学教育実践入門』共立出版，東京，pp.87-138

松宮哲夫（1995）「「現実性をもつ課題の総合学習」とその背景」；松宮哲夫・柳本哲編著『総合学習の実践と展開 −現実性をもつ課題から−』明治図書，東京，pp.7-36

Max Stephens・柳本哲（2001）『総合学習に生きる数学教育』明治図書，東京

三浦公亮・川崎敏和・舘知宏・上原隆平・Robert J.Lang・Patsy Wang-Iverson 編；
　　上原隆平ほか訳（2018）『折り紙数理の広がり』森北出版，東京

三輪辰郎（1983）「数学教育におけるモデル化についての一考察」筑波数学教育研究，2，
　　pp.117-125

文部科学省(2018a)『中学校学習指導要領（平成 29 年告示)解説　総合的な学習の時間編』
　　東山書房，京都

文部科学省（2018b）「Society5.0 に向けた人材育成〜社会が変わる，学びが変わる〜」
　　https://www.mext.go.jp/component/a_menu/other/detail/__icsFiles/afieldfi
　　le/2018/06/06/1405844_002.pdf

文部科学省（2019）『高等学校学習指導要領（平成 30 年告示）解説　数学編 理数編』
　　学校図書，東京

西村圭一（2001）「数学的モデル化の授業の枠組みに関する研究」日本数学教育学会誌，
　　83（11），pp.2-12

西村圭一（2012）『数学的モデル化を遂行する力を育成する教材開発とその実践に関す
　　る研究』東洋館出版，東京

柳本哲（2008）「数学的モデリングと数学的活動 −社会を切り拓く人間教育に向かって
　　−」数学教育学会誌，49（3・4），pp.9-15

柳本哲（2011）「数学的モデリングとは何か？」：柳本哲編著『数学的モデリング −本
　　当に役立つ数学の力』明治図書，東京，pp.5-22

横地清（1991）『数学の文化史 −敦煌から斑鳩へ−』森北出版，東京

横地清（1994）「数学の文化史」：横地清監修『21 世紀への学校数学の展望』誠文堂新光社，
　　東京，pp.443-471

横地清（2001）「数学教育学の形成について」数学教育学会誌，42（1・2），pp.17-25

横地清（2003）「数学教育における「数学の文化史」の役割」数学教育学会誌，44（3・4），
　　pp.7-24

第6章

集合・論理の教育

本章では，集合と論理の教育について検討する。第1節では論理教育の今日的課題について述べる。第2節では数学的背景を説明する。第3節では教育内容と指導事例を示す。

6.1 論理に対する認識と課題

6.1.1 成人の論理に対する認識調査

　成人の論理に対する認識調査のため，守屋（1990）の問題紙を参考にした問題紙を用いて調査し，その解答結果を分析することで，解答者がどのような論理を用いているかを明らかにできる。なお，本章で使われる「論理」は，断りのない限り演繹論理を指している。

(1)　調査目的

　成人の論理に対する認識を明らかにする。

(2)　調査方法

①被験者

　山形県内の小学校で算数科を主に研究している教師13名，中学校の数学教師29名，さらに，数学を入学試験で課せられていた高等看護学校生81名とした。

②調査方法

　問題紙に解答してもらう。この問題紙は，全部で32題の問いから構成されて

いる。それぞれの問いは，図6.1に示すような「本命題」，「対偶命題」，「裏命題」，「逆命題」の4つの構造を持っている。

本命題	対偶命題	裏命題	逆命題
$p \to q$ である	$p \to q$	$p \to q$	$p \to q$
p である	$\neg q$	$\neg p$	q
q ？と問う	$\neg p$ ？と問う	$\neg q$ ？と問う	p ？と問う

図6.1　各問の構造

各構造の問いでも，図6.2に示したように，文章の内容が現実的問いである「現実的問題」，非現実的問いである「非現実的問題」で構成されている。

『本命題の非現実的問題』	『対偶命題の現実的問題』
①バスの中でガムをかむと目を悪くする。	①スイス製の時計は正確である。
②彼はバスの中でガムをかむ。	②あの時計は正確ではない。
③彼は目を悪くしたか。	③あの時計はスイス製か。
（　）目を悪くした。	（　）スイス製である。
（　）目を悪くしない。	（　）スイス製でない。
（　）どちらともいえない。	（　）どちらともいえない。

図6.2　文章内容の異なる問いの例

③調査手順

調査問題を配り，次の点に注意して問題を解くように指示した。

1)　問題を解く際には，例題と注意をよく読んで問題を解くようにする。

2)　問題を解く際には，あまり深く考え込まずに解くようにする。

調査時間は25分として，問題を全部解き終わった人から提出させた。

④分析方法

松尾・他（1977）の分類方法に従って，B. J. Shapiro & O'Blien（1970）が名付けた Math. Logic，Child's Logic 等に分類する。Math. Logic とは，図6.1の各問に正解する論理である。Child's Logic とは，図6.1の問の本命題と対偶命題には正解するが，裏命題で「$\neg q$」と，逆命題で「p」と回答する論理である。なお，詳細な分類方法は本章最後に「注」として示した。

(3) 調査結果

各命題の正解率を図6.3に示す。本命題は83%，対偶命題は76.5%と正解率が

高い。しかし，裏命題は31.6%，逆命題は35.5%と全体の30%台しか正解していない。

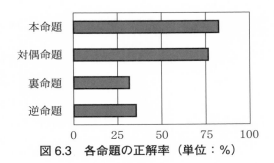

図6.3　各命題の正解率（単位：%）

被験者の推論がどの型であるかによって分類した，推論の型ごとの割合は表6.1に示した通りである。特に，看護学校生ではChild's Logicを用いている割合が54.8%を占めている。なお，小学校教師においても，Child's Logicを用いている割合が53.8%ある。また，中学校の数学教師においては，さすがにChild's Logicを用いている割合は少ないが，それでもMath. Logicの割合は24.1%しかなかった。

表6.1　成人における調査結果　（　）は%

	Math. Logic	Child's Logic	その他
看護学校生	7（8.6）	44（54.8）	30（37.1）
小学校教師	4（30.8）	7（53.8）	2（15.4）
中学校教師	7（24.1）	4（13.8）	18（62.1）
計	18（14.9）	53（43.8）	50（41.3）

(4) 考察

　成人において，本命題や対偶命題の正解率は高いものの，逆命題や裏命題の正解率は30%台となっている。日常生活場面での通常の判断ではMath. Logicを使いにくいことが分かり，成人でさえもChild's Logicを用いていることが明らかになった。

　このようにChild's Logicは成人においてもよく用いられる論理であるから，Child's Logicという呼び方よりむしろ，Primitive Logic（素朴的論理，以下

Pri. Logic と略記する）と呼ぶ方が適当であろう。

　Pri. Logic は日常生活の経験から自成的に作られてきた論理であり，特別な教育を受けることによってのみ，Math. Logic へと移行すると考えられる。このことは，第3節で述べる。

　ところで，現行の教育内容を受けてきた成人でも Pri. Logic から Math. Logic へと移行されていない実態が明らかとなったことは，現行の教育内容と方法に何らかの問題があることを示唆しているとも考えられる。論理的思考力の育成をねらいとしている直接的な内容は中学2年，3年で指導される論証幾何である。論証幾何は図形の性質を学習する過程で，同時に論理的な思考力を育てることを目的にしている。そこで用いられ，指導される論理は当然 Math. Logic であるが，先の結果からみると，この論証幾何の学習内容を論理教育の立場から再考する必要がある。

6.1.2　論理に対する中学生の認識調査

　論理に対する中学生の認識調査を行い，現行の論証幾何の学習によって，中学生は Math. Logic をどの程度身に付けているかを明らかにする。

(1)　調査目的

　①論理に対する中学生の認識を明らかにする。

　②論証幾何の学習によって，Math. Logic がどの程度身に付いているかを明らかにする。

(2)　調査方法

　①被験者

　　山形県内の公立 R 中学校の2年生33名，3年生53名とする。

　②調査方法

　　成人の論理に対する認識調査を行なったときに用いたものと同じ問題紙を用いた。中学2年生が論証幾何の学習を始める前の，6月上旬に調査した。

　③調査手順

　　成人の論理に対する認識調査と同様な指示をした後に，解答させた。

　④分類方法

成人の論理に対する認識調査と同様な分類方法を用いて，Math. Logic と
Pri. Logic，その他に分類した。

(3) 調査結果

各命題の正解率は図6.4に示す通りである。中学2年生において，本命題は
63%，対偶命題は65%と正解率は高いが，裏命題は22%，逆命題は24.5%の
正解率となっている。また，注目すべき点として，中学3年生では，本命題は
80%，対偶命題は80.5%の正解率であり，中学2年生より高くなっているが，裏
命題は18.5%，逆命題は19.5%と正解率は中学2年生より低くなっている。

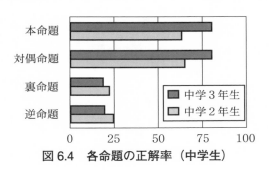

図 6.4　各命題の正解率（中学生）

表6.2に示したとおり，2年生，3年生共に Pri. Logic を用いている生徒の割
合が多いことが分かる。2年生では，33名中21名で全体の約63.7%，3年生では，
53名中43名と，全体の81.1%を占めている。それに対して，Math. Logic を用
いている生徒は，2年生で1名，3年生でも1名と，非常に少ない。

表 6.2　中学生における調査結果

	Math. Logic	Child's Logic	その他
中学2年生	1 (3.0)	21 (63.7)	11 (33.3)
中学3年生	1 (1.9)	43 (81.1)	9 (17.0)
計	2 (2.3)	64 (74.4)	20 (23.3)

(4) 考察

先の調査から，中学生も成人の場合と同様に，本命題，対偶命題の正解率は高
かったものの，裏命題，逆命題の正解率は低いという結果を得た。このことより，
中学生も Pri. Logic を用いている傾向があることが分かる。

また，特に，論証幾何の学習を終え，Math. Logic が指導された 3 年生におい
ても，Pri. Logic を用いる生徒が 80% 台と，論証幾何の学習をしていない 2 年
生よりも 20% も高くなっていることは注目される。教科書通りに論証幾何を学
習したとしても，Math. Logic が身につくのではなく，逆に Pri. Logic を用いる
生徒の割合を増加させる傾向にあることが明らかとなった。

次に，現実的問題と非現実的問題における Pri. Logic を用いている人数を，表
6.3 に示した。

表 6.3 問題内容による Pri. Logic の人数

	現実的問題	非現実的問題
中学 2 年生	20	9
中学 3 年生	40	36
計	60	45

現実的問題と非現実的問題に差を確かめるため 2 項検定を行なったところ，3
年生においては有意な差は認められなかったが，2 年生においては有意な傾向（p
= 0.06）が認められた。この結果から，2 年生においての Pri. Logic は，問題の
内容に影響され，Pri. Logic やその他の論理になってしまうという，まだ形式的
に判断する論理を作り上げている途中の過程での論理であると考えられる。一方，
3 年生での Pri. Logic は，問題の内容に影響されることのなく，一定の形式で判
断する論理として出来上がっている論理であることを示唆している。

論証幾何を学習することにより形式的な判断が出来るようになるが，その一
方で，その学習は，Math. Logic を作り上げるのでなく，Pri. Logic をより強固
にしてしまうと考えられる。その結果，2 年生よりも，3 年生の方が，Pri. Logic
を用いる生徒が多くなったと解釈できる。

以上のように，現行の教育内容と方法では，Pri. Logic から Math. Logic へ移
行させることが困難であることが明らかとなった。その要因として，次の 2 点が
考えられる。

第 1 点目は，論証幾何の学習において，図形の性質の学習と共に，論理的な考
え方の学習を行うことに要因がある。図形の性質の学習と，論理的な考え方の学
習を同時に行うことは，論理教育を受けてこなかった生徒にとって大きな負担と

なるし，論理そのものの学習が曖昧になるからである。

　第2点目は，論証幾何の学習内容に要因がある。中学2年生の論証幾何の内容を見てみると，Pri. Logic を用いても，不都合が起こるような内容は，ほとんど扱われていないことが分かる。三角形の合同条件や平行線の性質等は，Pri. Logic を用いても不都合が起こらない同値関係の命題である。教科書の1ページ程度の説明で，「あることがらが正しくても，その逆は正しいとは限らない。」と書かれてはいるが，例は少なく，Pri. Logic を Math. Logic に移行させるには不十分な内容であるうえに，生徒が持っている Pri. Logic を考慮した内容でもない。また，ここで学んだ「逆が必ずしも真ではない」という内容は，後の学習に生かされることも少ないため，Pri. Logic と Math. Logic の使い分けを意識できない。結果的に，今まで使い慣れている Pri. Logic に信頼を置いたままになり，Pri. Logic はより強固になってしまうのであろうと考えられる。

　これらの点から，図形教育と論理教育を分けること，また，生徒の論理に関する認識発達に見合った論理教育カリキュラムを作成する必要がある。

6.1.3　集合・論理教育の経緯

　情報化が進み，様々な情報が溢れている現代社会において，情報を取捨選択できる能力の必要性が叫ばれている。正しい情報を得るためには，その情報がどのような過程をたどってその結論に行き着いたのかを，自分自身で論理的に見極めなければならない。

　中学校・高等学校数学科の現行学習指導要領には，"事象を論理的に考察する力"という言葉が使われている。これを受けて，教育現場においても論理的思考力の育成を目指した授業が行われている。学校教育以外の一般社会でも論理的思考力は重要視され，企業の就職試験の際にはこの力を評価する設問が多い。情報が手軽に手に入る現代でこそ，その情報を改めてじっくりと考察するための論理的思考力が必要なのである。

　さて，集合と論理はいつ頃から学校教育には入ってきたのだろうか。論理については，戦前から扱われていた。戦後では，昭和23年3月発行の高等学校用国定教科書『数学 幾何(1)』平面幾何の論証の中で，公理・定義および定理・証明

の意味や逆・裏・対偶を扱っている。取り立てて論理の単元は無いが，これは1951（昭和26）年に発表された「中学校高等学校学習指導要領数学科編（試案）改訂版」でも同様である。集合については，1960（昭和35）年告示の高等学校学習指導要領に「集合の考え」が登場する。指導計画作成および指導上の留意事項として，数学Ⅰでは，

> 「(5)　数学的な考えの一つとして，集合の考えを，たとえば不等式と領域，軌跡などのような内容と関連して，指導することが望ましい。また，集合の「含む」，「含まれる」の関係を表わすのに，記号⊂，⊃を用いてもさしつかえない。」

数学ⅡBでは，

> 「(2)　集合の考えの指導にあたっては，二つの集合の和を表わすのに∪を，共通部分を表わすのに∩を用いてもさしつかえない。」

と記されている。その後1970（昭和45）年の学習指導要領では，次のように集合と論理の領域ができ，内容が示されている。

「**数学Ⅰ**

D　集合・論理

(1)　集合と論理

集合および命題とその合成，相互関係についての理解を深める。

　　ア　条件 p とそれを満たす x の集合

　　イ　命題の合成，相互関係

　　ウ　'すべての x について p である。'，'ある x について p である。'の意味とそれらの否定

　　エ　用語および記号

　　　直積，$A \times B$，対偶，必要条件，十分条件，同値」

「**数学ⅡB**

A　代数・幾何

(1)　平面幾何の公理的構成

平面幾何について，数学における公理の意味と公理的構成について理解させる。

　　ア　公理，定義および定理の意味

　　イ　平面幾何の構成

　　ウ　用語および記号

　　　公理」

中学校では，1958（昭和33）年の学習指導要領改訂によって中学校2年生に

図形の論証が入った。これは，それまで高等学校で指導されていた内容の一部を中学校に移行した形である。ここで，定理，定義，証明という用語を指導することになる。また，

　　「図形についての論証とは，それ以前に学んだ図形の基本的な性質を根拠にして，種々の性質を演えき的な推論によって導くことを意味する。」
　　「図形や数量における演えき的な考え方の指導については，生徒の発達階段をじゅうぶん考慮し，演えき的な考え方を漸進的に高めていくように配慮することが必要である。」

とも記されており，図形の指導で論理教育を行うことが引き継がれている。集合については，1968（昭和44）年の学習指導要領改訂で，領域の一つとして「集合・論理」ができ，内容も各学年で確定した。集合と論理は，数学教育の現代化という旗印の下ではあったが，早期から豊富な内容が指導されていた。この事実を再認識するために，長くなるが引用する。

「**1年生**　E　集合・論理
(1)　集合の意味について理解させ，数量，図形などに関する概念を理解するのに，集合の考えによって考察することができるようにする。
(2)　集合の間の基本的な関係について理解させる。
　　ア　集合の包含関係。
　　イ　集合の交わりと結び。
　　ウ　集合とその補集合。
(3)　一つの集合について類別を考えたり，類別してできたものの集合を考えたりして，集合についての見方を深める。
(4)　「かつ」，「または」「…でない。」，「…ならば，…である。」などの論理な用語の意味について理解させる。
(5)　推論の方法について知らせ，それを用いることができるようにする。
　　ア　帰納と類推の方法。
　　イ　演えきの方法。
　　ウ　定義の意味。
(6)　次の用語および記号を用いることができるようにする。
　　集合，$\{a, b, c, \cdots\}$，$\{ x \mid x$ の満たす条件$\}$，要素（元），$\in$，部分集合，$\subseteq$，$\supseteq$，真部分集合，$\subset$，$\supset$，補集合，A，空集合，ϕ，交わり，$\cap$，結び，$\cup$，定義

2年生　E　集合・論理
(1)　論理的な用語および命題についての理解を深める。

(2) 図形や数・式について，帰納や類推の方法によって推測した事がらが正しいかどうかを確かめるために，根拠とする事がらを明確にし，演えき的な推論を用いることの意義や方法について理解させる。

　　ア　論証の意議。

　　イ　命題の真偽とその証明。

　　ウ　仮定と結論。

(3) 次の用語を用いることができるようにする。

　　定理，証明，仮定，結論，逆

3年生　　E　集合・論理

(1) 論理を進めていく方法や考え方についての理解を深める。

　　ア　証明の方法として，直接証明法のほかに間接証明法（背理法）があること。」

　1977（昭和52）年の学習指導要領改訂では，この「集合・論理」は削除されてしまい，今日に至っている。同時に，一般の学校では，集合と論理の教育に関する研究が，ほとんどされなくなってしまった。

　内容の減少は高等学校にしても同様であり，現行学習指導要領では，

「**数学 A**(2)　集合と論理

　　図表示などを用いて集合についての基本的な事項を理解し，統合的に見ることの有用性を認識し，論理的な思考力を伸ばすとともに，それらを命題などの考察に生かすことができるようにする。

　　ア　集合と要素の個数

　　イ　命題と証明」

となり，内容の取り扱いでも，

「(2)　内容の (2) のアについては，集合に関する用語・記号には深入りしないものとする。また，集合の間の関係については複雑なものは扱わないものとする。イについては，集合の包含関係と関連付けて理解できる程度にとどめるものとする。また，必要条件，十分条件，対偶，背理法などを扱うものとする。」

となっている。現代化の頃に比べるとその内容は少なく，現代化当時の中学校レベル以下であることを確認できる。

　以上のように，近年は，特に中学校では，学習指導要領の中で教育内容として集合や論理のことを直接に扱う単元がないことや，現代化後遺症とも言うべき集合・論理への嫌悪感があることなので，学校現場でこれらが積極的に指導されることは無くなった。

　しかしながら，外国では，現在でも当然の内容として教科書で扱われている事

実を考えれば，日本でのこの状態が異常であることは明らかである。最初に述べたように，現代社会でよりよく生きるためには，論理と様々な数学の基礎概念となる集合の教育が益々必要となっている。学習指導要領に有る無しにかかわらず，生徒の論理的思考の発展過程やそれに見合った教育内容の開発と教育課程の研究は続けられ，教育実践に生かされていくべきであろう。

守屋（1989）は，論理教育を行う目的を次のように3つ挙げている。(1) 日常の話し言葉が「論理学」として数学の対象となっていることを生徒に知らせる。(2) 論理的思考の質を高め，体系立てて物事を考える習慣を養う。(3) 情報教育の一環として行う。特に(2)では，子どもの中に自然に育っている論理を梃子にして，数学的論理を学ぶことで，日常的な論理と数学的論理とを使い分けられ，より正しい判断を行うのに役立てられるとしている。渡邉（1999）は，小学校5年生に真理表を基本にして記号論理（恒真命題，推論形式等）を指導し，教育効果を得ている。小学生が記号論理を駆使して探偵物語を作れることは，驚くべき事実である。記号論理を介在させた論理教育が中学1年生でも可能であることを示唆している。

6.1.4　論理の学習水準の作成

体系的な論理教育カリキュラムを作成するために，様々な分野に応用されている van Hiele の学習水準理論を参考にする。van Hiele の学習水準理論は「方法の対象化」が特徴であると言われる。これは，Pri. Logic を用いて物事を考えている生徒に対して，その Pri. Logic 自体を Math. Logic で確かめるという考えに適用できる。そこで，van Hiele の学習水準理論を参考にして，論理教育における学習水準を「方法の対象化」を基本にした，論理教育を行う際の学習水準を以下のように新たに試作した。図 6.5 は，それをまとめ，van Hiele の学習水準と対応させたものである。

1）第0水準

　身の回りの事象を対象として，日常会話の中で表現していく水準。

2）第1水準

　日常の会話を対象として，その意味に注目し，日常の会話の意味が正しいかど

うかを考える水準。

3) 第2-1水準

　意味が正しいということは分かっているが，その正しいということが，どのようにして導かれているのか，その導かれる過程は正しいのかどうかを確かめる水準である。確かめる際に，子どもが用いる論理は，前節の調査結果からも明らかなように Pri. Logic である。最初に，Pri. Logic を用いさせることによって，Pri. Logic 自体を確認させる水準でもある。

4) 第2-2水準

　Pri. Logic に対して，逆や裏の概念を持ち込むことによって，途中の過程が正しいかどうかを，数学的に確かめる水準。裏や逆が成り立たないような命題を学習し，子どもの Pri. Logic を Math. Logic に変換させる水準である。

5) 第3水準

　Math. Logic が，論理学の中でどのような位置にいるのかを確認する水準。様々な論理と比較することによって，Math. Logic 自身に対しての理解を深める。

6) 第4水準

　様々な論理についての理解を深める水準。

　中学校の論証幾何は，van Hiele の学習水準の第2から第3水準に位置する。図6.5に示した通り，これに対応するのが論理の学習水準の第2水準である。論証幾何の学習以前に，論理第2水準の学習を行うことによって，論理的思考力を育成することができ，論証幾何の学習の際にも Math. Logic を意識させることができると考える。

　第3節では，体系的な論理教育の一部分であるが，中学校の論理教育を作成するため，論理第2水準の教育実験計画を作成し，実験授業を行なった。

van Hiele による幾何の学習水準					
	第0水準	第1水準	第2水準	第3水準	第4水準
対象	具体物	形	性質	命題	論理
方法	形	性質	命題	論理	

	第0水準	第1水準	第2水準		第3水準	第4水準
			第2-1水準	第2-2水準		
対象	事象	日常会話	意味解釈	Pri. Logic	Math.Logic	数学基礎論
方法	日常会話	意味解釈	Pri. Logic	Math.Logic	数学基礎論	

図 6.5　論理の学習水準

6.2 論理と集合の背景となる数学

6.2.1 命題論理について

真偽が決まる文章を命題という。

①4は2の倍数である。

②方程式 $x+5 = -2$ の解は，-3 である。

③富士山は日本で一番高い山である。

④山梨県の県庁所在地は甲斐市である。

⑤天気がよい。

①は真な命題であるが，②は偽な命題である。③も真な命題であるが，④は偽な命題である。⑤はこの文章だけでは真偽を判断できないため，命題ではない。このように命題には，正しい命題（真な命題）と間違っている命題（偽な命題）とがある。命題 A が正しい命題のとき，命題 A の真理値は真であるという。命題が真か偽かを考慮しながら話を進める論理と，命題の真偽にはこだわらず推論規則だけで話を進める論理がある。まず，後者の方法を説明したい。なお，いくつかの仮定と前提（公理・定理）から推論規則を使って結論を導く論理を演繹論理という。

次の図 6.6 を論理記号とする。2つの命題 A，B から，論理記号を用いて，新たな命題を作る。

→ ならば	$A \to B$ …… A ならば B
∧ かつ (*and*)	$A \land B$ …… A であり，しかも B である
∨ または (*or*)	$A \lor B$ …… A または B
¬ でない (*not*)	$\lnot A$ …… A でない

図 6.6　論理記号

なお，$(A \to B) \land (B \to A)$ は，論理記号 ⇔（同値）を用いて $A \Leftrightarrow B$ と表す。

自然演繹法といわれている論理では，図 6.7 に示した推論規則のみを認めて結論を導く。

$\rightarrow$ の除去

$$\dfrac{\alpha \qquad \alpha \rightarrow \beta}{\beta}$$

$\rightarrow$ の導入

$$\dfrac{\begin{array}{c}[\alpha]^i\\ \vdots\\ \beta\end{array}}{\alpha \rightarrow \beta}\ i \qquad \dfrac{\beta}{\alpha \rightarrow \beta}$$

$\wedge$ の導入

$$\dfrac{\alpha \qquad \beta}{\alpha \wedge \beta}$$

$\wedge$ の除去

$$\dfrac{\alpha \wedge \beta}{\alpha} \qquad \dfrac{\alpha \wedge \beta}{\beta}$$

$\vee$ の導入

$$\dfrac{\alpha}{\alpha \vee \beta} \qquad \dfrac{\beta}{\alpha \vee \beta}$$

$\vee$ の除去

$$\dfrac{\alpha \vee \beta \qquad \begin{array}{c}[\alpha]^i\\ \vdots\\ \gamma\end{array} \qquad \begin{array}{c}[\beta]^i\\ \vdots\\ \gamma\end{array}}{\gamma}\ i$$

$\neg$ の導入

$$\dfrac{\begin{array}{c}[\alpha]^i\\ \vdots\\ \bot\end{array}}{\neg \alpha}\ i$$

$\neg$ の除去

$$\dfrac{\alpha \qquad \neg\alpha}{\bot}$$

二重否定の除去

$$\dfrac{\neg\neg\alpha}{\alpha}$$

[　]は推論規則が適用される
と仮定ではなくなる。

図 6.7　推論規則

　例えば，よく知られている対偶を示す $(A \rightarrow B) \rightarrow (\neg B \rightarrow \neg A)$ は，次のよう
に証明する。この図を証明図という。

$$\cfrac{\cfrac{\neg B^2 \qquad \cfrac{A^1 \qquad A \rightarrow B^3}{B}\ \rightarrow \text{の除去}}{\cfrac{\cfrac{\bot}{\neg A}\ 1\neg \text{ の導入}}{\cfrac{\neg B \rightarrow \neg A}{(A \rightarrow B) \rightarrow (\neg B \rightarrow \neg A)}\ 3\rightarrow \text{ の導入}}\ 2\rightarrow \text{ の導入}}\ \neg \text{ の除去}}{}$$

これを上から，口語で説明するように書き下すと，「A と $A \to B$ を仮定すると，推論規則 $\to$ の除去より B といえる。さらに，$\neg B$ を仮定すると，B と推論規則 $\neg$ の除去より矛盾するといえる。矛盾が起きた原因は A を仮定したことにあると考えると推論規則 $\neg$ の導入より $\neg A$ といえる。$\neg B$ を仮定して $\neg A$ が導き出されたので推論規則 $\neg$ の導入より $\neg B \to \neg A$ といえる。$A \to B$ を仮定して，$\neg B \to \neg A$ が導き出されたので，推論規則 $\neg$ の導入より $(A \to B) \to (\neg B \to \neg A)$ がいえる。仮定は全て無くなり，$(A \to B) \to (\neg B \to \neg A)$ は何の仮定も無しでいえる。」

同様にして $(\neg B \to \neg A) \to (A \to B)$ は次のように証明する。

$$
\cfrac{
\cfrac{
\cfrac{\neg B^1 \qquad \neg B \to \neg A^3}{\neg A}{}_{\to \text{ の除去}} \qquad A^2
}{
\cfrac{
\cfrac{
\cfrac{\bot}{\neg\neg B}{}_{1\ \neg \text{ の導入}}
}{B}{}_{\text{二重否定の除去}}
}{
\cfrac{A \to B}{(\neg B \to \neg A) \to (A \to B)}{}_{3\ \to \text{ の導入}}
}{}_{2\ \to \text{ の導入}}
}{}_{\neg \text{ の除去}}
}{}
$$

これで，$(A \to B)$ とその対偶である $(\neg B \to \neg A)$ は，同値であることが証明された。さらに，いくつかの命題が正しいことを証明してみよう。

$$
\cfrac{
\cfrac{
\cfrac{
\cfrac{\dfrac{A^2 \qquad B^1}{A \wedge B}{}_{\wedge \text{ の導入}} \qquad (A \wedge B) \to C^3}{C}{}_{\to \text{ の除去}}
}{B \to C}{}_{1\ \to \text{ の導入}}
}{A \to (B \to C)}{}_{2\ \to \text{ の導入}}
}{((A \wedge B) \to C) \to (A \to (B \to C))}{}_{3\ \to \text{ の導入}}
$$

$$
\cfrac{
\cfrac{
\cfrac{\dfrac{A^1}{A \vee \neg A}{}_{\vee \text{ の導入}} \qquad \neg(A \vee \neg A)^2}{\bot}{}_{\neg \text{ の除去}}
}{
\cfrac{\neg A}{A \vee \neg A}{}_{\vee \text{ の導入}}
}{}_{1\ \neg \text{ の導入}} \qquad \neg(A \vee \neg A)^2
}{
\cfrac{\dfrac{\bot}{\neg\neg(A \vee \neg A)}{}_{2\ \neg \text{ の導入}}}{A \vee \neg A}{}_{\text{二重否定の除去}}
}{}_{\neg \text{ の除去}}
$$

$$
\cfrac{
  \cfrac{A \wedge (B \vee C)^2}{B \vee C}\text{∧ の除去}
  \qquad
  \cfrac{
    \cfrac{
      \cfrac{A \wedge (B \vee C)^2}{A}\text{∧ の除去} \quad B^1
    }{
      \cfrac{A \wedge B}{(A \wedge B) \vee (A \wedge C)}\text{∨ の導入}
    }\text{∧ の導入}
    \qquad
    \cfrac{
      \cfrac{A \wedge (B \vee C)^2}{A}\text{∧ の除去} \quad C^1
    }{
      \cfrac{A \wedge C}{(A \wedge B) \vee (A \wedge C)}\text{∨ の導入}
    }\text{∧ の導入}
  }{(A \wedge B) \vee (A \wedge C)}\,1\ \text{∨ の除去}
}{(A \wedge (B \vee C)) \to ((A \wedge B) \vee (A \wedge C))}\,2\ \text{→ の導入}
$$

次に，命題の真（⊤）と偽（⊥）を扱う方法を説明する。ある命題が与えられたときにその命題の真偽に対して論理記号により命題の真理を次のように決める。

¬ の真理表

α	$\neg\,\alpha$
⊤	⊥
⊥	⊤

∧ の真理表

α	β	$\alpha \wedge \beta$
⊤	⊤	⊤
⊤	⊥	⊥
⊥	⊤	⊥
⊥	⊥	⊥

∨ の真理表

α	β	$\alpha \vee \beta$
⊤	⊤	⊤
⊤	⊥	⊤
⊥	⊤	⊤
⊥	⊥	⊥

→ の真理表

α	β	$\alpha \to \beta$
⊤	⊤	⊤
⊤	⊥	⊥
⊥	⊤	⊤
⊥	⊥	⊤

¬ の真理表では，命題 α アルファの真理値が⊤であるときに，$\neg\,\alpha$ の真理値は⊥となる。また，命題 α の真理値が⊥であるときに，$\neg\,\alpha$ の真理値は⊤となることを表で表している。

これらのルールを命題 $(A \wedge (A \to B)) \to B$ にあてはめて，この命題の真値値を調べると図 6.8 のようになる。

A	B	$A \to B$	$A \wedge (A \to B)$	$(A \wedge (A \to B)) \to B$
⊤	⊤	⊤	⊤	⊤
⊤	⊥	⊥	⊥	⊤
⊥	⊤	⊤	⊥	⊤
⊥	⊥	⊤	⊥	⊤

図 6.8　(A∧(A → B)) → B

命題 A，B の真理値が真偽のいずれであっても，命題 $(A \wedge (A \to B)) \to B$ の真理値は常に真となっている。このように真理値が常に真である命題を恒真命題（Tautology）と

$$
\cfrac{
  \cfrac{
    \cfrac{A \wedge (A \to B)^1}{A}\text{∧ の除去}
    \qquad
    \cfrac{A \wedge (A \to B)^1}{A \to B}\text{∧ の除去}
  }{B}\text{→ の除去}
}{(A \wedge (A \to B)) \to B}\,1\ \text{→ の導入}
$$

いう。恒真命題は，推論規則を使って証明できる。また，逆に推論規則で証明できた命題は，恒真命題である。

もう一つ例を示す。命題 $((A \to C) \land (B \to D)) \to ((A \lor B) \to (C \lor D))$ の真理値を調べると図6.9になる。

$$\underset{①}{\underline{((A \to C) \land (B \to D))}} \to \underset{②}{\underline{((A \lor B) \to (C \lor D))}} \cdots\cdots ③$$

A	B	C	D	$A \to C$	$B \to D$	①	$A \lor B$	$C \lor D$	②	③
⊤	⊤	⊤	⊤	⊤	⊤	⊤	⊤	⊤	⊤	⊤
⊤	⊤	⊤	⊥	⊤	⊥	⊥	⊤	⊤	⊤	⊤
⊤	⊤	⊥	⊤	⊥	⊤	⊥	⊤	⊤	⊤	⊤
⊤	⊤	⊥	⊥	⊥	⊥	⊥	⊤	⊥	⊥	⊤
⊤	⊥	⊤	⊤	⊤	⊤	⊤	⊤	⊤	⊤	⊤
⊤	⊥	⊤	⊥	⊤	⊤	⊤	⊤	⊤	⊤	⊤
⊤	⊥	⊥	⊤	⊥	⊤	⊥	⊤	⊤	⊤	⊤
⊤	⊥	⊥	⊥	⊥	⊤	⊥	⊤	⊥	⊥	⊤
⊥	⊤	⊤	⊤	⊤	⊤	⊤	⊤	⊤	⊤	⊤
⊥	⊤	⊤	⊥	⊤	⊥	⊥	⊤	⊤	⊤	⊤
⊥	⊤	⊥	⊤	⊤	⊤	⊤	⊤	⊤	⊤	⊤
⊥	⊤	⊥	⊥	⊤	⊥	⊥	⊤	⊥	⊥	⊤
⊥	⊥	⊤	⊤	⊤	⊤	⊤	⊥	⊤	⊤	⊤
⊥	⊥	⊤	⊥	⊤	⊤	⊤	⊥	⊤	⊤	⊤
⊥	⊥	⊥	⊤	⊤	⊤	⊤	⊥	⊤	⊤	⊤
⊥	⊥	⊥	⊥	⊤	⊤	⊤	⊥	⊥	⊤	⊤

図6.9　命題③の真理値

この命題もまた恒真命題であるので，証明図が次のようにかける。

$$
\cfrac{\cfrac{A^1 \quad \cfrac{(A \to C) \land (B \to D)^3}{A \to C}{}^{\land \,の除去}}{\cfrac{C}{C \lor D}{}^{\lor \,の導入}}{}^{\to \,の除去} \qquad B^1 \quad \cfrac{\cfrac{(A \to C) \land (B \to D)^3}{B \to D}{}^{\land \,の除去}}{\cfrac{D}{C \lor D}{}^{\lor \,の導入}}{}^{\to \,の除去}}{\cfrac{\cfrac{C \lor D}{(A \lor B) \to (C \lor D)}{}^{2 \to \,の導入}}{((A \to C) \land (B \to D)) \to ((A \lor B) \to (C \lor D))}{}^{3 \to \,の導入}}
$$

6.2.2 述語論理

ここでは,「すべて」,「存在する」という命題を含んだ述語論理を解説する。論理記号として∀(全称記号)と∃(存在記号)を加え,次のように使う。

$\forall x F(x)$ …… すべての x に対して $F(x)$ である

$\exists x F(x)$ …… $F(x)$ となる x が存在する

$F(\quad)$ は述語に相当し,例えば,「ソクラテスは,人間である」では,「…人間である」が $F(\quad)$ となり,$F(ソクラテス)$ と記述できる。

2変数の述語,例えば,「y は,x の母親である」を,$F(x, y)$ と表すとする。

$\forall x \exists y F(x, y)$ は,「すべての x に対して,その x に対応するようにそれぞれに母親が少なくとも一人存在する」ということで,簡単に言えば「すべての x に,それぞれ母親がいる」となる。ここで∀x と∃y を入れ替えた $\exists y \forall x F(x, y)$ はどうなるであろうか。「すべての x に対する母親が少なくとも一人いる」となり,簡単に言えば「すべての x の母親がいる」である。$\forall x \exists y F(x, y)$ とあまり変わらないように思えるが全く違う内容を表しており,全人類の先祖であるイブや信仰対象であるマリアに相当するような,人類すべての人の母親がいるという意味になっている。

命題論理の推論規則に次の4つの推論規則を加えると述語論理となる。

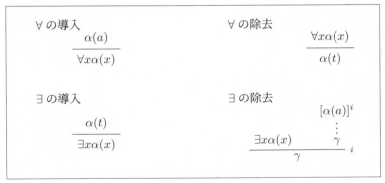

図 6.10　4つの推論規則

∀の除去と∃の導入は変数の条件無しで使ってよいが,∀の導入と∃の除去に

は変数条件がある。

1) ∀の導入を用いる場合は，$\alpha(x)$ 及び $\forall x \alpha(x)$ を導くために使われているどの仮定にも自由変数 a は現れてはならない。自由変数とは，∀や∃の作用が及んでいない変数である。

2) ∃の除去を用いる場合は，a として表されている自由変数は $\alpha(x)$ および，γ に含まれてはいけない。また，$[\alpha(a)]$ のすぐ下に書いてある γ を導くための仮定のうち，$\alpha(a)$ 以外のものにも含まれてはいけない。

1) の条件の例を示す。$\alpha(a)$ を，$a = a$ として∀の導入を使うと，

$$\frac{a = a}{\forall x\,(a = x)}$$

となり，全体集合が2元以上からなると一般的には正しくない。また，次の左は不適切に∀の導入を使っている。正しくは右となる。

$$\cfrac{\cfrac{\cfrac{a > 0^1}{\vdots}}{\cfrac{a^2 > 0}{\forall x(x^2 > 0)}}}{a > 0 \to \forall x(x^2 > 0)}\,1 \qquad \cfrac{\cfrac{\cfrac{\cfrac{a > 0^1}{\vdots}}{a^2 > 0}}{a > 0 \to a^2 > 0}\,1}{\forall x(x > 0 \to x^2 > 0)}$$

さて，生徒が間違える例として，すべての否定がある。例えば，白と黒の碁石が用意されている。この中から5個の碁石を取ったところ「すべて白だった」。この否定，¬「すべて白だった」を「すべて黒だった」や「白は一つも無かった」とする誤答である。正しくは，「少なくとも黒が一つ含まれていた」や「黒が含まれていた」である。このこととその逆を，論理式で一般的に書くと，$\neg\forall x F(x) \to \exists x \neg F(x)$ と $\exists x \neg F(x) \to \neg\forall x F(x)$ となる。

その証明図は次となる。

$$\dfrac{\dfrac{\dfrac{\dfrac{\dfrac{\dfrac{\dfrac{[\neg F(a)]^1}{\exists x \neg F(x)} \quad [\neg\exists x\neg F(x)]^2}{\bot}^1}{\neg\neg F(a)}}{F(a)}}{\forall x F(x)} \quad [\neg\forall x F(x)]^3}{\bot}^2}{\dfrac{\neg\neg\exists x\neg F(x)}{\exists x\neg F(x)}}$$
$$\neg\forall x F(x) \rightarrow \exists x\neg F(x) \quad ^3$$

$$\dfrac{\dfrac{\dfrac{[\exists x\neg F(x)]^3 \quad \dfrac{[\neg F(a)]^1 \quad \dfrac{[\forall x F(x)]^2}{F(a)}}{\bot}^1}{\bot}^2}{\neg\forall x F(x)}}{\exists x\neg F(x) \rightarrow \neg\forall x F(x)} \quad ^3$$

6.2.3 集合について

(1) 集合についての復習

集合の定義等を復習しよう。ある定まった条件を満たす対象の集まりを集合といい，この集合に含まれる個々の対象をその集合の要素，または，元という。集合の表し方は2つあり，1つは集合の要素を並べ，

$$\{2,\ 3,\ 5,\ 7,\ 11\}$$

と表す方法である。他の一つは，

$$\{x \mid x \text{ は } 11 \text{ 以下の素数である }\}$$

と表す方法である。これは，「x は素数である」を $P(x)$ と表すと，

$$\{x \mid x \leq 11 \land P(x)\}$$

とも表現できる。

x が集合 X の要素であることを，

$$x \in X \quad \text{または} \quad X \ni x$$

と表し，x は X に属する，x は X に含まれる，X は x を含む等という。

x が集合 X の要素でないことは，

$$x \notin X \quad \text{または} \quad X \not\ni x$$

と表す。

集合 X の要素がすべて集合 Y に含まれているとき，X は Y の部分集合であるという。これを，

$X \subseteq Y$　または　$Y \supseteq X$

と表す。X が Y の部分集合でないことは，

$X \nsubseteq Y$　または　$Y \nsupseteq X$

と表す。$X \subseteq Y$ で，かつ，$Y \supseteq X$ のとき，X の要素と Y の要素は一致する。このとき，集合 X と集合 Y は等しいといい，$X = Y$ と表す。X は Y の部分集合であるが，$X \neq Y$ であるとき，X は Y の真部分集合であるという。これを，

$X \subset Y$　または　$Y \supset X$

と表す。

　最初に一つの集合 U を決めて，その要素について扱うことが多い。この集合 U を全体集合といい，U の要素で，U の部分集合 X に含まれない要素の集合を集合 X の補集合といい，$\overline{X}$ と表す。

　集合 X の要素であり，しかも集合 Y の要素でもある要素全体の集合を集合 X と集合 Y の積集合といい，$X \cap Y$ と表す。集合 X の要素であるか，または，集合 Y の要素である要素全体の集合を集合 X と集合 Y の和集合といい，$X \cup Y$ と表す。積集合と和集合は，

$X \cap Y = \{x \mid x \in X \ \wedge \ x \in Y\}$,

$X \cup Y = \{x \mid x \in X \ \vee \ x \in Y\}$

と表せる。

　集合 X と集合 Y に共通の要素がないときに，$X \cap Y$ は空集合であるといい，$X \cap Y = \phi$ と表す。空集合 ϕ はどのような集合についても，その部分集合であるとする。

　これらのことを，全体集合 $U = \{a,\ b,\ c,\ d,\ e,\ f,\ g,\ h\}$，$X = \{a,\ b,\ c\}$，$Y = \{b,\ c,\ d,\ e\}$，$C = \{a,\ f\}$ で考えると，

$X \cap Y = \{b,\ c\}$,

$X \cup Y = \{a,\ b,\ c,\ d,\ e\}$,

$Y \cap C = \phi$,

$\overline{X} = \{d,\ e,\ f,\ g,\ h\}$,

　集合 C の部分集合は，$\{a,\ f\}$，$\{a\}$，$\{f\}$，ϕ，

となる。

(2) 集合の演算について

全体集合を定め，それぞれの部分集合に対して，和集合，積集合，補集合を考えることを，集合の演算ということにする。この三つの演算に関して，次の法則がある。全体集合を U，空集合を ϕ，U の部分集合を X, Y, Z とする。

① $X \cap Y = Y \cap X$, $X \cup Y = Y \cup X$ （交換法則）

② $(X \cap Y) \cap Z = X \cap (Y \cap Z)$, $(X \cup Y) \cup Z = X \cup (Y \cup Z)$ （結合法則）

③ $X \cap (Y \cup Z) = (X \cap Y) \cup (X \cap Z)$,
$X \cup (Y \cap Z) = (X \cup Y) \cap (X \cup Z)$ （分配法則）

④ $X \cap X = X$, $X \cup X = X$

⑤ $X \cap (X \cup Y) = X$, $X \cup (X \cap Y) = X$ （吸収の法則）

⑥ $\overline{X} \cap X = \phi$, $X \cup \overline{X} = U$ （補集合の法則）

⑦ $\overline{\overline{X}} = X$ （二重補集合の法則）

⑧ $\overline{(X \cap Y)} = \overline{X} \cup \overline{Y}$, $\overline{(X \cup Y)} = \overline{X} \cap \overline{Y}$ （ド・モルガンの法則）

⑨ $\phi \cap X = \phi$, $U \cup X = U$, $U \cap X = X$,
$\phi \cup X = X$, $\overline{\phi} = U$, $\overline{U} = \phi$ （ϕ と U の法則）

③の $X \cap (Y \cup Z) = (X \cap Y) \cup (X \cap Z)$ において，右辺と左辺をそれぞれベン図で表すと図 6.11 になり，どちらも同じ領域を表していることが分かる。

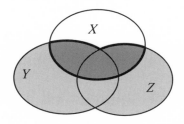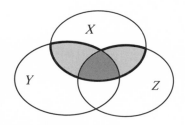

図 6.11　ベン図による説明

集合の定義によって証明してみると，

$x \in X \cap (Y \cup Z) \Leftrightarrow x \in X \wedge x \in (Y \cup Z)$

$\Leftrightarrow x \in X \wedge (x \in Y \vee x \in Z)$

$\Leftrightarrow (x \in X \wedge x \in Y) \vee (x \in X \wedge x \in Z)$

$\Leftrightarrow x \in (X \cap Y) \vee x \in (X \cap Z)$

$$\Leftrightarrow x \in (X \cap Y) \cup (X \cap Z)$$

となる。

集合の包含関係の法則としては，次のものがある。

① $X \subset Y$, $Y \subset Z$ ならば，$X \subset Z$

② $X \subset Y$, $X \subset Z$ ならば，$X \subset Y \cap Z$

③ $X \subset Z$, $Y \subset Z$ ならば，$X \cap Y \subset Z$

④ $X \subset Y$ ならば，$X \subset Y \cup Z$

⑤ $X \subset Y$ ならば，$X \cap Z \subset Y$

⑥ $X \subset Y$ ならば，$\overline{X} \supset \overline{Y}$

これらのうち，三段論法にあたる①と対偶をつくることにあたる⑥は，指導内容として重要である。

(3) カージナル数

集合の要素数をカージナル数といい，$n(\ )$ で表す。ここでは，次の式が重要である。

$$n(X \cup Y) = n(X) + n(Y) - n(X \cap Y)$$

6.3 教育内容

6.3.1 $\overline{\text{ru}}$ としての Pri. Logic

Pri. Logic から Math. Logic へのスムースな移行を促し，その使い分けを意識させるための指導方法を研究する際に，「$\overline{\text{ru}}$」（ル・バー）の考え方が参考になる。

進藤（1992）は $\overline{\text{ru}}$ を日常の生活の中での経験から，獲得した知識のうち，誤った獲得の仕方をしてしまったものと定義している。例えば，「平行四辺形の求積法に関して，面積の関連属性である底辺と高さに着目することなく，一元的には記述できないにせよ，学習者ごとに，平行四辺形を構成する周長や内角といった，面積に関する非関連属性に着目して，面積の判断を行なってしまう」等が明らかとなっている。また，「この種の知識（体系）が自らの経験に基づくが故に，その判断基準への確信の程度は高く，正しい知識（体系）への組み換えが容易でない」と述べている。

Pri. Logic は，日常生活の中で形成され，それを制限無しで用いると，当然，誤った結論を導き出してしまう場合がある。このことを踏まえて考えると，まさに Pri. Logic は，数学における $\overline{ru}$ であり，$\overline{ru}$ であるが故に，Pri. Logic から Math. Logic への移行も難しかったのである。

さらに進藤は，このような体験に基づく間違った知識や体系を，正しく組み替える指導方略として，以下の3点が必要であると述べている。

① $\overline{ru}$ で適用が可能な事例から，適用ができない事例へと移行する。

②学習者のもつ $\overline{ru}$ に触れながら $\overline{ru}$ を正しいルールである「ru」（ルー）に変換するという作業になる。

③学習者の"納得"という内的な過程をふむ。

この指導方略を Pri. Logic に置き換えて考えると以下のようになる。

① ′Pri. Logic が適用可能な事例から，適用できない事例へと移行する。

Pri. Logic が適用できる事例は日常生活の経験にあるわけだから，最初に日常生活の事例から導入して，その後に Pri. Logic が適用できない数学の事例へと移行するのがよいと考えられる。

② ′学習者の持つ Pri. Logic に触れながら，Pri. Logic を Math. Logic に変換するという作業が必要になる。

つまり，学習者自身が持っている Pri. Logic 自体を思考対象として採り上げることによって，学習者が自分の Pri. Logic を認識するようにさせ，その後に Math. Logic の指導を行うのがよいと考えられる。

③ ′学習者の"納得"という内的な過程をふむ。

つまり，Pri. Logic がどうして誤っているのか，どのような場合に適用できないのかについて，多くの具体例を交えながら，じっくりと指導していくのがよいと考えられる。

今後は，体系的な論理教育の上で，この指導方略を基本にした中学校での論理教育を考える必要がある。なお，守屋・太田（2007），守屋（2020）には小学校での体系的な論理指導例がある。

6.3.2 中学生への論理の教育例

(1) 目的

Pri. Logic から Math. Logic へと移行させるための具体的指導方法を開発する。

(2) 方法

①被験者

「実験1」と「実験2」の2回の授業実験を行なった。「実験1」においては山形県内の公立F中学校の1年生5名，「実験2」においては山形県内の公立S中学校の1年生8名を対象者とする。論証幾何を学習する以前での論理教育を志向しているため，両実験対象者は中学1年生とした。

②実験方法

どちらの実験も，実験前に事前調査，実験後に事後調査を行なった。これらの調査結果を比較することによって，実験の効果を明らかにすることができると考える。それぞれの調査問題紙は，前節の調査問題紙から各命題の数を半分にしたものを用いている。

(3) 実験内容

両実験ともそれぞれ合計6時間行なった。内容は以下の通りである。

1) 1時間目

・規則が書いてある文章から「$A \rightarrow B$」部分を見つけだす。

・「A」と「$A \rightarrow B$」から「B」が導き出せることを学習する。

$$\frac{A \qquad A \rightarrow B}{B}$$

・推論規則の表し方（線や矢印の意味）を学習する。

2) 2時間目

・同値関係の命題「三角形→内角の和は180度」を用いて，推論規則を考える。

・「$A \rightarrow B$」が正しいとして，「Bならば？」を考える。自分の考えを推論規則に表す。

$$\frac{B \qquad B \rightarrow A}{A}$$

・「本命題」,「対偶命題」,「裏命題」,「逆命題」の関係を確認する。

・Pri. Logic を用いて導いた推論の結論が正しいかどうかを確かめる。

3) 3 時間目

・同値関係でない命題（4 の倍数→2 の倍数）を用いて, Pri. Logic が適用で
きない場合について学習する。

$$\frac{B \quad \dfrac{A \to B}{B \to A}}{A}$$

この部分の推論が
間違っていること
を学習する。

・「$A \to B$」から「$B \to A$」,「$\neg A \to \neg B$」,「$\neg B \to \neg A$」が導けるのかどうか,
具体例を用いて考える。

・Pri. Logic の「逆命題」,「裏命題」では, 成り立たない場合があることを学
習する。

4) 4 時間目

・今まで使っていた Pri. Logic と, 新たに学ぶ Math. Logic の違いを確認する。

・練習問題を解くことによって, Math. Logic を身につける。

5) 5 時間目

・推論の連鎖の応用として推理問題を解く。

・推理問題の構造を記号と推論規則を使って分析する。

6) 6 時間目

・推理問題を自作することにより, Pri. Logic が間違った論理であることを再
確認する。

・Pri. Logic では間違った結論が出てしまう「ひっかけ」命題を考えることに
よって, Pri. Logic と Math. Logic を意識して区別する。

(4) 実験結果と考察

事前調査と事後調査を比較した結果は, 表 6.4 に示す通りである。実験 1 にお
いては, 生徒全員が Math. Logic を用いるようになっている。実験 2 においても,
8 人中 6 人が Math. Logic を用いるようになっている。対象人数が少ないので
一般化には無理があるが, この結果に限れば, ここで開発した指導方法は, Pri.
Logic を Math. Logic に移行させるために, 有効な方法であることは示唆された。

表6.4 事前調査結果と事後調査結果の比較（単位：人）

		事前調査	事後調査
実験1	Math. Logic	1	5
	Pri. Logic	4	0
	その他	0	0
実験2	Math. Logic	2	6
	Pri. Logic	6	0
	その他	0	2

ただし，指導上，留意する点も以下のように見つかった。

①推論規則について

当初，生徒にとって推論規則自体を理解することが難しかったようである。自分の考えた道筋を具体的に表す方法がある。まず，部品として推論規則があり，それらを組み合わせることで，考えの道筋を表現できることを説明し，その上で，実際の思考過程と推論規則を対応させた。その結果，生徒は，推論規則というのは自分の考えを表すのに使えることを理解し，記述にも慣れた。

②「A」と「$A \to B$」の二つから「B」が導かれることについて

推論規則は「A」と「$A \to B$」から「B」が導かれることを表しているのだが，生徒は，「$A \to B$」のみが意識に上がっているようであった。これは，私たちが日常生活において何らかのルールである「$A \to B$」を見たときに，「A」を意識することなく「$A \to B$」だけで物事を判断していることがある。また一方で，「$A \to B$」が意識化されないで，目の前にある事実の「A」のみで「B」と結論することも多い。

このように，「A」と「$A \to B$」の両方を意識して判断することは少ない。そこで，生徒には，自分自身の思考の過程を丁寧に再考するよう指導し，「B」を導くためには「A」と「$A \to B$」が必要であることを確認させた。

③推論規則の必要性について

生徒は，現在学習中の推論規則が，今後どのような場面で使われるかが明確に示されなかったために，推論規則自体に必要性を感じにくかった。当初から，推論規則がどのような役に立つのかを明確にする，具体的には推理問題の分析や作成に使うことを示す必要があった。このことは，指導計画の最後で，推論規則を使った推理問題を作成する活動を行なった際に，生徒が大変意欲的に取り組んだことからも窺える。

なお，この推理問題は，以下のような手順で作成するよう指導した。

① 推論規則を使って，推論の連鎖を作る。

② その推論の連鎖内に，Pri. Logic を使った"ひっかけ"を作る。

③ それぞれの記号に対して，具体的な言葉や内容を当てはめて文章を作る。

図 6.12 は，実験に参加した生徒が作成した推理問題である。

◆再テストを受けた人は誰か？

1. 再テストをやった人は頭が悪い　　　　　　$(A \rightarrow B)$

2. ソフトボール部は頭が悪い　　　　　　　　$(C \rightarrow B)$

3. サッカー部はかっこいい　　　　　　　　　$(E \rightarrow F)$

4. かっこいいのは A 君　　　　　　　　　　　$(F \rightarrow G)$

5. サッカー部でない人は頭がいい　　　　　　$(\neg E \rightarrow \neg B)$

6. ソフトボール部は B 君　　　　　　　　　　$(C \rightarrow D)$

としたときに，再テストを受けた人は誰かを推論しなさい。

$$\cfrac{\cfrac{A \quad A \rightarrow B}{B} \quad \cfrac{\neg E \rightarrow \neg B}{B \rightarrow E}}{\cfrac{E \quad E \rightarrow F}{\cfrac{F \quad F \rightarrow G}{G}}}$$

<ひっかけ>

$$\cfrac{\cfrac{A \quad A \rightarrow B}{B} \quad \cfrac{C \rightarrow B}{B \rightarrow C}}{\cfrac{C \quad C \rightarrow D}{D}}$$

図 6.12　生徒が作成した推理問題

6.3.3　まとめ

本章で紹介した認識調査や教育実験をまとめると以下になる。

①Child's Logic は，多くの成人においても用いられる論理である。

このことより Child's Logic を，人間が普通の生活の中で作り出し，使ってい

る論理であるという意味合いを込めて，Pri. Logic と呼ぶこととした。

②中学生のほとんどが Pri. Logic を用いている。

　中学 2 年生，3 年生ともに，ほとんどの生徒が Pri. Logic を用いていた。また，2 年生よりも 3 年生の方が Pri. Logic を用いる割合が高いことより，現行の論証幾何の学習は，Pri. Logic をより強固にしている実態が示唆された。これは，現行の教育内容や方法が，論理教育として不十分であることを表している。

③論理教育における学習水準を提案した。

　現行の教育内容においては，体系立てられた論理教育が存在しないため，これを作成する必要があった。この研究の取り掛かりとして，van Hiele の学習水準理論を参考にし，論理教育における学習水準を提案した。

④中学 1 年生においても，適切な指導をすることによって Math. Logic へと移
　行することができる。

　教育実験の結果，ほとんどの生徒が Math. Logic へと移行することができた。論理に興味を持つ小学校高学年から，ここで扱った内容を指導し，中学校では論証幾何を中心に扱いたい。

　今後の課題として，以下の点があげられる。

①中学 2 年生，3 年生に対する論理教育の実験

　中学生に対する論理教育を作成したが，その実験は中学 1 年生に対してのみ行なわれた。中学 2 年生，3 年生に対しての実験を継続する必要がある。特に，中学 2 年生においては，論証幾何と，ここでの論理教育とを，どの様に結びつけていくのかについて考えていかなければならない。

②実験効果の持続性の検証

　中学 1 年生でも，Math. Logic へと変換できるこという結果を得たが，その効果が長時間にわたって持続されるか否かは不明である。$\overline{\text{ru}}$ の性格上，また Pri. Logic に戻る可能性もある。この場合は，TPO によって子ども自身が Pri. Logic と Math. Logic の使い分けができるようにするという観点で，再指導を試みる必要があろう。

研究課題

1. 数学教育の現代化で使用された教科書を調べて, 集合の教育についてまとめよ。
2. 現行学習指導要領で, 集合と論理はどの様に扱われているかを調べ, 過去の学習指導要領での扱い方と比較, 検討せよ。
3. 後掲の引用・参考文献を参考にして, 当時の先進的な集合・論理の教育方法を調べ, 現在風に書きあらためてみよ。

引用・参考文献及び注

内田伏一 (1997)『位相入門』裳華堂, 東京

小山正孝 (1987)「van Hiele の「学習水準理論」について」, 日本数学教育学誌『数学教育学論究』, 47・48, pp.48-52

進藤聡彦 (1992)「学習者の自生的な誤りの修正に関する教授−学習心理学的研究」教育方法学研究, 18, pp.57-64

田村三郎 (1975)『教養の記号論理 ことばの記号化』現代数学社, 京都

前原昭二 (1967)『記号論理入門』日本評論社, 東京

松尾吉知・他 (1977)「日常論理の様相について」, 日本数学教育学会誌『数学教育学論究』, 31, pp.1-33

守屋誠司 (1989)「Prolog 言語の論理教育への応用」, 大阪教育大学数学教室『数学教育研究』, 18, pp.41-54

守屋誠司 (1990)「パーソナル・コンピュータの論理教育への応用 (1)」数学教育学会『研究紀要』, 30 (3・4), pp.19-38

守屋誠司・太田直樹 (2007)「論理のカリキュラム試案と実践例」日・中数学教育研究会論文集, pp.49-56

守屋誠司 (2020)「論理の指導」, 守屋誠司編著『改定第 2 版 小学校指導法算数』玉川大学出版部, pp.141-148

文部科学省 (2018)『中学校学習指導要領 (平成 29 年告示) 解説 数学編』日本文教出版, 大阪

文部科学省（2019）『高等学校学習指導要領（平成30年告示）解説 数学編 数理編』学
　　校図書，東京

渡邉伸樹（1999）「小学校における論理教育」，数学教育学会『研究紀要』，40（1・2），
　　pp.11-18

横地清（1972）『集合と論理』国土社，東京

横地清（1978）『算数・数学科教育法』誠文堂新光社，東京

[注]　松尾 他（1977）の分類方法を，以下のように適用した。

『本命題（8問）』において，

1 ― 3/4以上正解

(1) ― 1/2以上正解

8 ―「どちらともいえない」が3/4以上

9 ― 誤答が3/4以上

『対偶命題（8問）』において，

2 ― 3/4以上正解

(2) ― 1/2以上正解

5 ―「どちらともいえない」が3/4以上

9 ― 誤答が3/4以上

『裏命題（8問）』において，

3 ― 3/4以上正解

(3) ― 1/2以上正解

6 ― 誤答が3/4以上

『逆命題（8問）』において，

4 ― 3/4以上正解

(4) ― 1/2以上正解

7 ― 誤答が3/4以上

　このような分類方法により，次のような推論の型ができあがる。

『Math. Logic型』

M（Math. Logic）「1234」

M^0（準 Math. Logic）

「(1)234」「1(2)34」「12(3)4」「123(4)」

M′（準々 Math. Logic）

「(1)(2)34」「1(2)(3)4」「12(3)(4)」

「(1)2(3)4」「1(2)3(4)」「(1)23(4)」

「1534」「153(4)」「15(3)4」

『Child's Logic 型』

C（Child's Logic）「1267」

C^0（準 Child's Logic）

「(1)267」「1(2)67」

C′（準々 Child's Logic）

「(1)(2)67」「1967」「(1)967」「8267」

「8(2)67」「9267」「9(2)67」「8567」

『その他』

それ以外のもの（Math. Logic や Child's Logic に当てはまらない型）

第7章

代数の教育

本章では，代数教育のあり方について検討する。第1節は代数教育の問題点と生徒の実態，第2節は数と式・方程式と不等式に関する数学内容，第3節は代数教育の目標と指導法のあり方について扱う。

7.1 代数教育の今日的課題

7.1.1 代数教育の問題点

代数の教育内容の中で，生徒の理解が困難とされる事項を認識調査から明らかにする。また先行研究により，代数教育ではどのような点が検討課題であったのかについて整理する。

(1) 児童・生徒の誤答

中・高等学校生の実態を考察する前に，小学生の代数（文字）などの認識について触れる。

2018年度に小学校6年生対象に実施された文部科学省国立教育政策研究所による全国学力・学習状況調査算数Aで出題された小学校高学年での，分数の除法に関する問題（図7.1）では，次のような結果が見られる。

0.4 m の重さが 60 g の針金があります。

この針金について，次の問題に答えましょう。

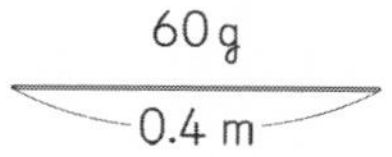

60 g

0.4 m

(1) 針金 0.2 m の重さは何 g ですか。また，針金 0.1 m の重さは何 g ですか。
それぞれ答えを書きましょう。

(3) 針金 1 m の重さを求める式を，下の **1** から **4** までの中から 1 つ選んで，
その番号を書きましょう。

    1 $60 + 0.6$ **2** 60×0.4 **3** $60 \div 0.4$ **4** $0.4 \div 60$

図 7.1　2018 年度全国学力・学習調査算数 A の問題（一部改変）

(1), (3) の正答率は，それぞれ 63.2%，65.5% となっている。これらの結果から，除法で表すことができる 2 つの数量の関係や，1 に当たる大きさを求める問題場面で，除数が 1 より小さい小数である場合でも除法を用いることを理解できていない児童が一定数存在していることが窺える。

同様に，2018 年度に中学校 3 年生対象に実施された文部科学省国立教育政策研究所による全国学力・学習状況調査数学 B の問題（図 7.2）では，次のような結果が見られる。

この問題の正答率は，10.9%（無解答率 6.5%）で全調査問題の中でも極端に低かった。このことは，数学的な結果を事象に即して解釈することを通して，成り立つ事柄を判断し，その理由について文字式を用いて説明することができる生徒が少ないことが分かる。

小学校で単位量当たりの大きさを求める除法の式と商の意味を理解することに依然として課題がある中で，中学校で単位あたりの大きさを文字式で表すことができるためには，かなりの工夫が必要になると予想される。

事象を数学的に解釈し，問題解決の方法や根拠を，代数的に説明できない生徒が多く存在していることは問題といえるだろう。

里奈さんは，バスツアーを利用して旅行することにしました。そこで，S社とT社のパンフレットから，次のような表にまとめました。

里奈さんが作った表

	T社
プラン名	史跡巡りプラン
通常料金	1人3200円
団体料金	通常料金の10％引き
団体料金の利用可能人数	10人以上

　里奈さんは，T社の他のプランも調べました。その結果，プランによって通常料金は異なりますが，10人以上で利用すると，どのプランでも団体料金は通常料金の10％引きになることがわかりました。
　そこで，通常料金が変わった場合，団体料金の10人分が通常料金の何人分にあたるかについて調べるために，T社の通常料金を a 円として，次のように計算しました。

里奈さんの計算

> 団体料金は，通常料金 a 円の10％引きだから，
> 　$a - a \times 0.1 = a - 0.1a = 0.9a$
> 団体料金 $0.9a$ 円の10人分は，
> 　$0.9a \times 10 = 9a$
> 通常料金 a 円の何人分にあたるかを求めるから，
> 　$9a \div a = 9$

　上の**里奈さんの計算**からわかることがあります。下の**ア，イ**の中から正しいものを1つ選びなさい。また，それが正しいことの理由を説明しなさい。

　ア　通常料金が変われば，団体料金の10人分が通常料金の何人分にあたるかは変わる。

　イ　通常料金が変わっても，団体料金の10人分が通常料金の何人分にあたるかは変わらない。

図7.2　2018年度全国学力・学習調査数学Bの問題（一部改変）

(2) 代数教育の検討課題

　代数教育を行なっていく上で，ある程度文字・文字式について基礎的な事柄が身についていなければならない。しかしながら，一般的には文字式に対して苦手意識をもっている生徒たちが多く，特に文字式の使用に対して消極的な面が見られる。とりわけ，方程式の学習では解を正確に速く求めることに重点が置かれている。方程式で使われる文字を未知数として捉えるにとどまり，使用されている文字を変数として捉える指導があまりなされない。つまり，文字の値は等式を成り立たせるただ一つの数と捉えてしまい，等式における文字の理解が乏しくなっているといえよう。そのため，不等式の解が数値ではなく変域になることの理解を難しくしているともいえよう。

　また，羽住ら（1992）は「文字認知と文字式による論証の理解度を比較すると，文字式による論証能力の発達は相対的に遅れている。すなわち，計算，表現，読式など，文字認知については，中 1 から中 3 にかけて順次，発達段階が高まっていくが，文字式による論証についての理解力は，低いままにとどまっている生徒が数多くみられた。」と指摘しているが，ほとんど改善は見られない。

　また，現在の方程式の指導では，方程式を代数的に手際よく解く技能を習得することが求められている。そのため，アルゴリズムに沿った計算方法を習得することができるが，各計算過程における式変形の意味や，求めた解と方程式との関係が理解できないという問題点が指摘されている（横地，1966）。

7.1.2　代数教育の目標

　上記の代数教育の問題点を踏まえ，数，文字，文字式などを扱う代数教育の目標を考えると，大きくは次の 3 つとなる（横地，1978）。

(1)　数の教育の目標

　数の教育では，数構造（順序性，演算の仕組み，連続性の有無）の理解と習熟が目標となる。

　「計算方法の理解と習熟」では，扱う数の拡張に応じて，四則演算の方法を習得させることと，四則演算自体の可否をしっかりと意識させることが目標となる。たとえば，無理数の存在が明らかになったとき，縦 $\sqrt{2}$cm，横 $\sqrt{3}$cm の長方形の面

積は$\sqrt{2}\times\sqrt{3}$で表せ，それがどの程度の大きさになるのか，その計算結果が$\sqrt{6}$という数になるのか，また加減乗除はどのようになるのかという点に着目させることが大切である。

「数構造の理解」では，各種の数の持つ構造，特徴を理解させることと，それぞれの数の包含関係を把握させることが目標となる。数の構造については，たとえば複素数の集合は加減乗除で閉じていることは容易に確かめることができる。さらに大小を考えることでより理解が深まるだろう。

また，数の特徴については，有理数の集合と無理数$\sqrt{2}$のみでできる$\{a+b\sqrt{2}\mid a,\ b\in Q\}$の集合について，その要素の多さはどの程度かを考えると理解が深まると考えられる。いま，直交座標を考え，横軸は有理数直線で，これに有理数aを対応させ，縦軸も有理数直線で，$\sqrt{2}$の係数bを対応させる。すると，縦軸に平行な直線が有理数の要素の多さの程度を表すのに対して，$a+b\sqrt{2}$は平面上の点に対応することがわかる。有理数と$\sqrt{2}$のみを含む無理数の要素の多さの程度から，数直線上に有理数と無理数がどのように存在しているか想像することは容易だろう。

(2) 文字の教育の目標

文字の表すものとして，定数，未知数，変数の3つがあり，文字の意味として，数の代表，言葉や□・△の代わりとしての空席記号の2つがある。指導に際して重要なことは，この2つの観点で捉えることではなく，2つの関係を捉えることである。「変数」を表している文字が「数の代表」として扱われることがあれば「空席記号」として扱われることもある。例えば，方程式も不等式もそこに含まれる文字は未知数を表すが，方程式の解では文字は空席記号として扱われ，不等式の解では文字は変域にある数の代表であるが，方程式と同様に未知数として扱われるものである。つまり，文字の表すものには定数，未知数，変数の3つがあるが，それらの文字にはそれぞれどのような意味があるかを理解して扱えるようにすることが重要である。

(3) 文字式の教育の目標

文字式においては，方程式・不等式の性質をもとに，文字式を目的に応じて式変形ができること，解を求める計算の方法を理解することが大切である。指導に

おいては，計算の手順を定着させることだけでは不十分で，等式や不等式の性質を用いた同値変形を自在に扱えるようにすることが重要である。また，あめ a 個と b 個の合計の個数が $(a+b)$ 個というように，$a+b$ は a と b の和を求めるという意味と同時にその結果を表すということを理解させることも大切である。さらには，毎時 3km の速さで x 時間歩くとき $3x$ の表している意味が分かるというように文字式から情報を読み取らせることも必要である。

7.1.3 代数教育の内容

　学校教育における代数教育の内容について小学校高学年段階から高等学校段階までの代数の大まかな内容を列記する。その際，小学校高学年段階における具体的な扱いに際して留意すべき点についても触れる。また，代数教育におけるICT活用の方向性や可能性について述べる。

(1) 代数教育の内容

　代数が本格的に扱われるのは中学校段階以降であるが，実際には，小学校段階から代数的な内容をしっかりと把握し，指導に役立てていく必要がある。そこで，以下では，小学校高学年段階から高等学校段階までの代数の大まかな内容を列記する。なお，小学校高学年段階の内容については，具体的な扱いに際して留意すべき点についても触れる。中学校段階以降は，次節以降で詳しく論じる。

　A.　小学校高学年：偶数・奇数，倍数・約数，分数と小数，整数の関係，小数の乗除，異分母分数の加減，数量関係を表す式（□や△など），分数の乗除，分数・小数・整数の混合計算，文字を用いた式

　数自体の拡張と整理，それに伴う分数・小数・整数の混合計算について扱う。また，文字を用いて問題場面の数量関係を簡潔にかつ一般的に表現できるようにし，文字式から具体的な事柄を読み取ったり，数をあてはめたりして，問題解決に生かすように指導する。□，△などの代わりに文字で表し文字使用に慣れさせるとともに，文字には小数や分数も整数と同様に当てはめることができることを指導する。

　B.　中学校第1学年：正負の数（数の集合と四則，素数），正負の数の四則計算，文字の必要性と意味，一次式の加減，等式の性質，一元一次方程式

C. 中学校第2学年：整式の加減，単項式の乗除，等式の変形，連立二元一次方程式

D. 中学校第3学年：平方根（有理数・無理数），単項式と多項式乗除，式の展開と因数分解，二次方程式（因数分解，平方完成，解の公式）

E. 数学Ⅰ・A：数の拡張（実数）と無理数の四則計算，二次の乗法公式と因数分解，不等式の性質やその解，一次不等式，二次関数のグラフと二次方程式・二次不等式，ユークリッドの互除法，二進法

F. 数学Ⅱ・B：整式の除法，分数式，二項定理，恒等式，複素数と二次方程式の解，因数定理，高次方程式の解法と性質，直線と円の方程式，軌跡と方程式，不等式の領域

G. 数学Ⅲ・C：ベクトル，複素数と図形

(2) 代数教育における ICT 利活用

現在，子どもたち一人ひとりに個別最適化され，創造性を育む教育 ICT 環境の実現に向けて取り組みがなされている。このことにより1人1台の端末環境の整備と併せて，統合型校務支援システムをはじめとした ICT の導入・運用が進められている。

このことにより，多様な ICT 利活用によって，学習形態や家庭学習などがより一層多様化していくと考えられる。デジタルコンテンツ（デジタル教科書やデジタルノートなど）の有効な活用が，文字式の概念理解を深めることに役立つ可能性が期待される。

つまり，代数教育における積極的な ICT 利活用法を検討することは，代数の意味理解を重視し，実際的な活用場面を実現する教育への発展の可能性を予想させるものといえる。

7.2 数と式・方程式と不等式の数学的背景

7.2.1 数と式

数と式に関する数学的背景について，数の種類，自然数の基本的な性質を列挙したペアノの公理，有理数と無理数に関連する循環小数，実数の公理，そして式

の種類について論じる。

(1) 数の種類

　小学校段階で学習する数には，自然数，有限小数，分数などがある。中学校段階以降では，負の数や無理数など，一気に数の範囲が拡張される。以下では，数の種類を列記し，その特徴と包含関係を図示する（図7.3）。指導に際しては，それぞれの数の持つ特徴に加えて，既習の数との相違や，包含関係を捉えさせるようにすることが重要である。

・自然数（Natural number）N：$1, 2, 3, 4, \cdots$

・整数（Integer）Z：$\cdots, -2, -1, 0, 1, 2, \cdots$

　（整数の内，正のものだけを**正の整数**，負だけのものを**負の整数**）

・有理数（Rational number）Q：分母，分子が整数である分数

　（但し，分母は0でない。整数を含む。）

・無理数（Irrational number）：分数の形で表すことのできない数（$\sqrt{2}, \pi$ など）

・実数（Real number）R：有理数と無理数を合わせたもの

・虚数（Imaginary number）：2乗して -1 となるなどの数

　（$i^2 = -1$ となる i のこと。a, b を実数とするとき $a + bi$ で示すことのできる数で実数を含まないもの。）

・複素数（Complex number）C：実数と虚数を合わせた数

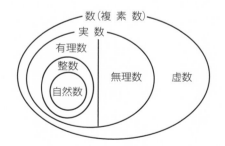

図7.3　数の包含関係

(2) ペアノの公理

　自然数は数の中でもっとも根源的なものであるといってよいだろう。それゆえあらゆる数の存在を前提とせずに構成する必要がある。自然数の構成方法はいく

つかあるが，ペアノ（G.Peano，1858－1932）は次のような5つの公理を挙げて自然数を構成した。現在，これらの公理が自然数の定義に用いられている。

　1，**数，次の要素**の3つの言葉を無定義用語として，次の公理を満たす集合 N に属する数を自然数といい，N を自然数系という。

（Ⅰ）　1は自然数である。

（Ⅱ）　任意の自然数 a に対して a の次の要素 a' がただ1つ存在する。

（Ⅲ）　1を次の要素とするような自然数 a は存在しない。

（Ⅳ）　a' と b' が同じ自然数ならば，a と b も同じ自然数である。

（Ⅴ）　集合 M が，次の条件 (1)，(2) を満たす自然数の集合 N の空でない部分集合であるならば，すべての自然数は M に属する。

(1) 1は M に属する。

(2) a が M に属するならば a' も M に属する。

　自然数の集合を N として，（Ⅰ）～（Ⅴ）までの公理がどのようなことを述べているのかを具体的に考えていく。

　まず，（Ⅰ）では1は自然数の集合の要素であり，自然数の基準として，暗に1を出発点としていることを示している。

　（Ⅱ）では自然数の次の数（要素）は，自然数であり，自然数は有限でないこと，自然数の次の要素が分岐する（2つ以上になる）ことはないことを示している。

　（Ⅲ）では1にはその前の数（要素）がない。$a'=1$ とすると，a は a' の前の要素となり，そのような自然数は存在しない。つまり，1にもどって循環することはないことを示している。

　（Ⅳ）では数（場所）が異なると，次の数同士も異なり，途中で合流することはないということを示している。

　この（Ⅰ）～（Ⅳ）の条件を満たす集合即ち数系列を構成することによって，自然数を構成するのである。

　（Ⅴ）の公理は，自然数の集合 N は（Ⅰ）～（Ⅳ）の条件を満たす最小の集合であることを示す。なぜなら，自然数の集合 N のどのような空でない部分集合 M も当然（Ⅱ），（Ⅲ）の条件を満たす。この部分集合 M が更に（Ⅰ），（Ⅳ）の

条件を満たすならばその部分集合 M は自然数の集合 N そのものになることを示しているからである。

また，(V) の公理は**数学的帰納法の公理**とよばれる。このことは，(I) 〜 (Ⅳ) の条件を満たす集合 N の空でない部分集合 M を「命題 $P(n)$ が成り立つ n の集合」と考えれば，次のように言い換えられるからである。

次の (I)，(Ⅱ) を満たすとすると，命題 $P(n)$ はすべての $n \in N$ で成り立つ。

(I) $P(1)$ が成り立つ。

(Ⅱ) $P(k)$ が成り立つならば $P(k')$ が成り立つ。

いま，(I) 〜 (Ⅳ) の公理から，「n が自然数のとき，$n \neq n'$」が成り立つことが証明でき，このことから，$1, 2, 3, 4, 5, \cdots$ といった数はすべて等しくないということが導き出せる。証明は以下のとおりである。

自然数の集合 N のうち $n \neq n'$ を満たす空でない集合を M とする。

いま，公理 (Ⅲ) より $n' = 1$ となる n は存在しないから，$1 \neq 1'$ なので，$1 \in M$ である。

次に $m \neq m'$ とするとき，公理 (Ⅳ) の対偶「$n \neq m$ ならば $n' \neq m'$」より，$m' \neq (m')'$ がいえる。つまり，$m' \in M$ である。

以上より，公理 (V) より $M = N$ が成り立ち，すべての自然数 n について $n \neq n'$ が成り立つといえる。

(3) 有理数と無理数

有理数，無理数以降では，数値そのものの表記においても，無限の考えが必要となる。たとえば，$\frac{1}{3}$ は $0.333\cdots$（$= 0.\dot{3}$ と示す）となるし，π は $3.141592\cdots$ となる。こうした無限の小数は，ある時点から繰り返し（循環）しながら数が無限に続く循環小数と，いつまでたっても繰り返しがなく無限に続く小数とに分けられ，前者は有理数，後者は無理数となる。

また，循環小数には，$0.123123123\cdots$（$= 0.\dot{1}2\dot{3}$ と示す）のように循環する数（循環節）のみで構成されている純循環小数と，$0.54132132132\cdots$（$= 0.54\dot{1}3\dot{2}$ と示す）のように循環しない部分と循環する部分をもつ混循環小数とに分けられるが，いずれも有理数である。

循環小数は有理数であり，以下のようにして必ず分数の形に表示できる。

循環小数 S は，初項 A，公比 r（$-1<r<1$）の等比数列 $\{a_n\}$ の無限等比級数と整数または有限小数 P の和 S で表せる。この S を求めると，

$$S=P+\sum_{k=1}^{\infty}a_k=P+a+ar^1+ar^2+ar^3+\cdots=P+\sum_{k=1}^{\infty}ar^{k-1}=P+\frac{a}{1-r}$$

(4) 数の無限

6 の約数の個数は 4 個である。このように集合の要素が有限個ならば要素の個数で表せる。しかしながら，自然数のように無限になる場合はその個数は無限大，要素は無限にあるというだろう。同じ無限といった場合，自然数と偶数では要素の数は自然数の方が多いといってよいのだろうか。要素が無限の集合（無限集合）の大きさは異なるといってよいのだろうか。以下では，**濃度**（あるいは**基数**（cardinal number））の考えを用いて，集合の大きさについて考察する。

集合の大きさを比較する場合，2 つの集合の要素を 1 対 1 に対応させて，どちらかに余りがあれば，余った方が多いといえる。どちらにも余りがなければ同じといえる。無限の大きさを比較するときも同様にして考える。

自然数と偶数を比べてみると，自然数の 1 に偶数の 2，自然数の 2 に偶数の 4，自然数の 3 に偶数の 6，……と 1 対 1 に対応をつける。このまま無限に続けていくとどちらにも余りはでない。よって，自然数と偶数の個数は同じだと考えられる。

自然数	1	2	3	…	n	…
	↕	↕	↕		↕	
偶数	2	4	6	…	$2n$	…

このように 1 対 1 に対応をつけることができるとき濃度は同じと考える。もちろん，同様に奇数も自然数と同じ濃度といえる。この自然数の濃度を $\aleph_0$（アレフゼロ）で表す。偶数の濃度も奇数の濃度も $\aleph_0$ である。

ここで，偶数と奇数を合わせたものが自然数なので，$\aleph_0+\aleph_0=\aleph_0$ といえる。集合としては和になるが濃度の和は変わらないというよう

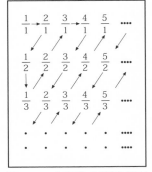

図 7.4　有理数の順序付け

に，通常の加法のようにならない。さらに，整数も自然数と同じ濃度である。

　次に，有理数全体の集合の濃度について考えてみよう。有理数は分数なので，自然数を対応させることができないように思われる。しかしながら，図7.4のように，1段目に分母が1の分数，2段目に分母が2の分数，3段目には，分母が3の分数，…というように並べ，右図の矢印の順に自然数を対応させ，同一の値（例えば1と2/2）が出た場合は，それを省けば，有理数全体に自然数を1対1に対応させることができる。このことから有理数の濃度も自然数の濃度と同じことが分かる。

　数直線を見ても有理数と実数は同じように見えるので，実数全体の集合の濃度は，有理数の濃度と同じに思うかもしれない。しかしながら，実数の濃度は有理数の濃度よりも大きい。

　このことは，図7.5のように実数が自然数と1対1に対応づけられたとして，その順にすべての実数を並べる。それらの実数を2進小数で表して，対角線の数の0と1を入れ替えた数を作ると，その数は，並べられたどの数とも異なる数となる。つまり，自然数と対応させられない実数が存在することを示すことにより，背理法で証明される。

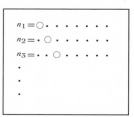

図7.5　実数の順序付け

　この実数の濃度を$\aleph$（アレフ）といい，自然数の濃度$\aleph_0$よりも大きい。また，実数は有理数と無理数からなっており，実数の濃度が$\aleph$，有理数の濃度が$\aleph_0$であることから，無理数の濃度は$\aleph$となる。

　無限集合には，自然数と1対1に対応づけられるものを**可付番集合**，自然数と1対1に対応づけられないものを**非可付番集合**という。自然数，整数などは可付番集合であり，実数や無理数などは非可付番集合である。

(5)　式の種類

　式は小学校第1学年から学習するが，これには様々な類型があり，それらの特徴をしっかりと把握し，指導を行なっていく必要がある。ストリャールは，式を図7.6のように類型化している[2]。

　まず，式は関係記号（＝，＜，≦など）を含まないフレーズ型と，関係記号を

含むセンテンス型に大別できる。フレーズ型は，数量自体を表している式であり，たとえば① 5，② $1+3$，③ x，④ $2y+5$，⑤ x^2-3y など，等号・不等号を含まない。一方，センテンス型は数量の間の関係を表している式であり，たとえば⑥ $1+2=3$，⑦ $5<8$，⑧ $1+2=4$，⑨ $1+5>8$，⑩ $2x+3=4$，⑪ $x^2+y^2+1=0$，⑫ $3x^2-2y<4$，⑬ $x^2+1>0$，⑭ $x^2+y^2+2\leqq 1$ など，等号・不等号を含む。

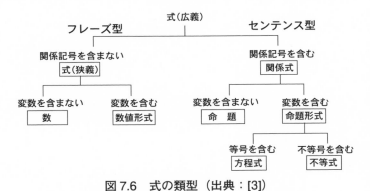

図 7.6 式の類型 （出典：[3]）

また，フレーズ型，センテンス型もそれぞれ細分化されており，変数を含むオープンな式の場合と変数を含まないクローズな式に分かれる。フレーズ型で変数を含まないクローズな式が①や②である。フレーズ型で変数を含むオープンな式で，含まれている文字に一定の値を代入すると定数になる数値形式が③，④，⑤である。

センテンス型で変数を含まないクローズな式は⑥，⑦，⑧，⑨で，特に⑥，⑦は真，⑧，⑨は偽と判断できるので命題の一種といえる。また，センテンス型で変数を含むオープン場合が⑩，⑪，⑫，⑬，⑭であり，含まれている文字に一定の値を代入すると真偽が判断できる命題形式となっている。特に，等号を含む方程式が⑩，⑪であり，不等号を含む不等式が⑪，⑫，⑬，⑭である。特に，これらの命題の真の集合を求めること，即ち方程式・不等式を満たす文字の値をすべて求めることを「方程式・不等式を解く」という。

7.2.2　方程式と不等式

方程式・不等式の指導では，単に式変形をして解を求めるというだけではなく，

方程式を解くこと自体の意味をしっかりと扱う必要がある。以下では，方程式・不等式の数学的背景について述べる。

(1) 等式の性質

一般に，等式の次の4つが挙げられる。

① $A=B$　ならば　$A+C=B+C$

② $A=B$　ならば　$A-C=B-C$

③ $A=B$　ならば　$A \times C=B \times C$

④ $A=B,\ C \neq 0$　ならば　$A/C=B/C$

減法を負の数の加法と捉えることにより，①と②は統合して考えることができる。また，除法は逆数を用いて乗法にすることができることにより，③と④も統合して考えることができる。方程式を解くときには，この4つの性質を用いて式変形を行う。

ここで大切なことは，フレーズ型の式を＝で繋いで式を辺変形させる場合と，センテンス型の関係式を変形する場合があり，この2つの式変形を混同しないということである。

等式の性質は明らかなようなことで軽く考える傾向がみられるが，とても重要な基本的性質であり，特に，フレーズ型とセンテンス型の式変形の混同をしないことが大切である。また同様に，不等式の性質も重要な基本的性質である。

〈フレーズ型〉

$$2x-y+1+x+2y+4$$
$$=3x+y+5$$

$$\frac{3x+y}{2}-\frac{2x-y}{3}$$
$$=\frac{3(3x+y)-2(2x-y)}{6}$$
$$(\neq 3(3x+y)-2(2x-y))$$

〈センテンス型〉

$$x-5y=4$$
$$x=5y+4$$

$$\frac{3x+y}{2}-\frac{2x-y}{3}=1$$
$$3(3x+y)-2(2x-y)=6$$

---

(2) 一元一次方程式

文字で表された変数についての条件を，等式で表したものが方程式である。ま

た，その条件を満たすような値を方程式の解といい，その解を求めることをその方程式を解くという。

一元一次方程式を解く場合，次のように等式の性質を使って，式変形を行い求めることができる。また，式変形で求められた方程式の解 $x=3$ をもとの方程式に代入すると等式が成り立つ。

$$3x-2=4+x$$

左辺の -2 を右辺に，右辺の x を左辺に移項して，

$$3x-x=2+4$$
$$2x=6$$

両辺を x の係数 2 で割ると，

$$x=3$$

$$（左辺）=3\times3-2=7, \quad （右辺）=4+3=7$$

よって，（左辺）＝（右辺）

方程式の x の値にいろいろな値を代入したときに等式が成り立つものを解といい，式変形で求められた解を最初の方程式に代入すれば成り立つ。

このことは，もとの方程式 $3x-2=4+x$ の x の値にいろいろな値を代入したときに等式を成り立たせる x の値と，式変形をして解を求める途中で得られた方程式 $3x-x=2+4$, $2x=6$ や最終的に得られた方程式 $x=3$ の x の値にいろいろな値を代入したときに等式を成り立たせる x の値が同じであることから分かる。

(3) 連立二元一次方程式

一元一次方程式は文字が 1 種類で，式変形をしていくと $x=a$ の形になり，解が 1 つに決まる。二元一次方程式は文字を 2 種類含んでおり一元一次方程式の解法や解の意味が異なる。具体的な方程式 $2x+y=7$ をもとに考える。この式の x と y は共に変数であり，いろいろな値を取りうる。この等式を成り立たせる x, y の値の組がこの方程式の解である。

x, y の変域が自然数とすると，この方程式の解は，$(1,5), (2,3), (3,1)$ の 3 組である。x, y の変域を整数とすれば，解は無数に存在する。x, y の変域が実数の

ときは，方程式を変形すると $y = -2x + 7$ となるので，この方程式の解は xy 平面で y 切片 7，傾き -2 の直線上のすべての点の座標の組が解である。

　2つ以上の方程式を同時に成り立たせるような値の考えるのが方程式を連立させるといい，その値の組が連立方程式の解である。連立二元一次方程式では，2つの二元一次方程式を考え，その両方の方程式の成り立たせる2つの文字（たとえば x，y）の値の組はその連立方程式の解となる。二元一次方程式の解は無数に存在するが，連立二元一次方程式の解は1つになることが多い。このことは，二元一次方程式の解を座標平面上に表すと直線になることから，連立二元一次方程式の解はその2つの直線との交点の座標の組になることが分かる。また，2直線が平行であるときは，連立方程式の解はなく，2直線が重なるときは，連立方程式の解は無数になることが分かる。

　連立二元一次方程式の解法は大きく分けて代入法と加減法の2つがある。いずれの方法も連立二元一次方程式を，2つの文字のうち一方の文字を消去して，一元一次方程式に帰着させる。以下の連立方程式の場合，①は代入法を，②は加減法を用いると一元一次方程式に帰着しやすいだろう。

$$① \begin{cases} x = 3y + 2 \\ 2x + 3y = 13 \end{cases} \qquad ② \begin{cases} 2x + 3y = 5 \\ 3x + 5y = 7 \end{cases}$$

(4) 不等式

　文字で表された変数についての条件を，不等号を用いて数量の関係を表したものが不等式である。また，その条件を満たすような値を不等式の解といい，その解を求めることをその不等式を解くという。

　一元一次不等式を解くの場合，等式の性質と同じような性質（$A > B$，$C > 0$ ならば，$A + C > B + C$，$A \times C > B \times C$）を使って解くことができる。注意しなければならないことは，C が負の時，不等号の向きが変わることである。不等式では $A > B$，$C < 0$ ならば，$A \times C < B \times C$ が加わる。この性質を用いて，一元一次不等式を式変形していくと $x > a$ あるいは $x < a$ の形になり，解を求めることができる。たとえば，一元一次不等式 $2x - 4 < 8$ を式変形していくと，$x < 6$ となる。このことから，6より小さい数の範囲がこの不等式の解となる。解の範囲から1つの値

$x=2$ を選び，もとの不等式に代入してみると，（左辺）$=-1$，（右辺）$=8$ となり，（左辺）＜（右辺）を満たすことがわかる。

次に，二元一次不等式 $2x-y>1$ の解について考える。二元一次方程式 $2x-y=1$ の解は，これを変形すると $y=2x-1$ なるので，その解は，y 切片 -1，傾き 2 の直線上のすべての点の座標の組になる。点 $(1,1)$ は直線上にあるが，直線より上側にある点 $(1,2)$ と下側にある点 $(1,0)$ について考えると，下側の点の x と y の座標を不等式に代入すると不等式は成り立つが，上側の点の x と y の座標を代入しても成り立たない。つまり，$x=1$ に対して，$y<1$ の範囲が解となる。同様に考えると，二元一次不等式 $2x-y>1$ の解は，座標平面上で直線 $y=2x-1$ の下側の領域にある点の座標の組となることが分かる。このように二元一次方程式の解をグラフと結びつけたことをもとにすると，計算の手続き上だけでなく二元一次不等式の解の意味を捉えることができる。

7.3 数と式・方程式と不等式の指導

7.3.1 数と式の指導

数と式の指導では，扱う数の拡張に応じて，四則演算がどのように成り立つのか，新しく学ぶ数と既習の数の関係がどのようになるのかといったことを理解させる必要がある。また，スマートフォンやタブレットパソコンの普及により，大きな数や複雑な計算を素早く正確に処理するといった能力以上に，概算能力や解法に至るまでの計画能力が求められる。以下では，数を指導する際のポイントと，四則演算の特徴について具体的な事例をもとに取り上げる。

(1) 正の数・負の数の指導

中学第 1 学年で負の数を学習し，数の範囲が拡張され有理数全体が構成される。この拡張で，四則計算，特に減法がいつでも可能になる。ここでの拡張は小学校での拡張のような端の量を数で表すことを目標にした小数の導入とは異なる。また，四則計算の意味や方法も量に依存した理解とは異なる。つまり，負の数の導入には量とは異なる方法で導入される。特に，四則の意味の理解を軽視し，計算規則をパターン化し，機械的に計算手順を記憶させる指導になりがちなので，注

意が必要である。

　加法，減法の指導にはベクトルを利用する場合がある。正・負の数を数直線上のベクトルと考え，ベクトルの加法，減法を数の加法，減法とする。減法は逆向きのベクトルを加える（符号を変えて加える）ことと同じこととまとめられる。①$(+2)+(-3)$，②$(-2)-3$の計算は，図7.7のようになる。

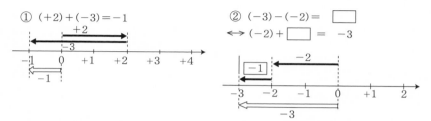

図7.7　ベクトルを用いた正，負の数の加減

　これは，集合Bを数直線上のベクトル全体の集合とし，正の向きで大きさaのベクトルと数aを対応させることによって，これまでの数の集合Aから集合Bへの演算に着目した代数的な拡張をする方法といえる。

　乗法，除法について正の数について成り立った分配の法則などを負の方法についても成り立つようにすれば，正・負の数乗法，乗法の性質が導ける。例えば，$(+1)\times(-1)=-1$は次のようにして導ける。

　$(+1)\times0=0$より，$(+1)\times\{(+1)+(-1)\}=0$

　分配の法則より，$(+1)\times(+1)+(+1)\times(-1)=0$

　$(+1)\times(+1)=+1$より，$(+1)+(+1)\times(-1)=0$

　したがって，$+1$との和が0になることから$(+1)\times(-1)=-1$.

　しかしながら，東西にまっすぐのびる線路を一定の速さで走る列車のような具体的な場面や外挿法で指導する方が生徒たちにとっては理解しやすいだろう。

　具体的場面の指導は，（速さ）×（時間）＝（道のり）において，速さ，時間，道のりに向きをつけて，正負で表せることをもとにする方法である。

　外挿法は，図7.8のように，$(-3)\times(+3)$からスタートして，乗数を1ずつ減らしていくと，答えが3ずつ増加する。この性質が負の数をかけるときも成り立つと考えて積を決める方法である。外挿法は加法，減法の指導でも利用できる。

また，小学校では，加えることを示
す演算記号だった＋が，0より大きい数，
すなわち正の数を表す記号としても用
いられる。同じ記号を，場合によって
は異なった意味に使用することは，生
徒たちにとって難しく感じられる。そ
こで，ある期間は，（−2）−（＋3）を「マ

$$
\left.
\begin{array}{l}
(-3)\times(+3)=-9 \\
(-3)\times(+2)=-6 \\
(-3)\times(+1)=-3 \\
(-3)\times\ \ 0\ \ =\ \ 0 \\
(-3)\times(-1)=+3
\end{array}
\right\}
\begin{array}{l}
+3 \\
+3 \\
+3 \\
+3
\end{array}
$$

図7.8　外挿法

イナス2ひくプラス3」と読み方で区別し，ある程度定着したところで，代数和
としての理解でまとめる。すなわち，（＋2）−（−3）＋（−4）を加法だけの演算に
式変形し，加える演算記号＋を省略して加えられる数だけで表現する。そして，
＋2，＋3，−4を「プラス2プラス3マイナス4」と読ませるように指導したい。

(2)　平方根の指導

平方根の指導では$\sqrt{2}$が方程式$x^2=2$の正の解として導入，定義される。この
方程式を必要とする場面として，面積が$2\,\mathrm{cm}^2$の正方形の1辺の長さxを求める
ことが多い。その場合，単に面積が$2\,\mathrm{cm}^2$の正方形を考え，その1辺の長さを求
めるのではなく，1辺の長さが2cmの正方形を考え，各辺の中点を結んででき
る四角形を利用する。このようにすることで，面積が$2\mathrm{cm}^2$の正方形が確かに存
在するということが確認できる。さらに，正方形の面積に2，3，4，…というよ
うに連続性をもたせ，その1辺の長さを数直線上へ移すことによって，既習の有
理数とともに数の仲間であることを理解しやすくなる。

平方根の導入を，正方形の面積と辺の関係で捉えさせておくと，$0<a<b$なら
ば，$\sqrt{a}<\sqrt{b}$であることは，面積が大きくなれば辺の長さが大きくなり，辺の長
さが大きくなれば面積も大きくなることから理解は容易になる。無理数の近似値
を電卓，区間縮小法や開平法などで求めて循環しない小数になることや循環小数
は分数で表せ分数は循環小数になることなどを知ることによって，無理数の理解
が深まっていく。

平方根の学習後によく見られる誤答は，

・4の平方根は2　　　・$\sqrt{4}=\pm 2$　　　・$\sqrt{a^2}=a$

などで，これは負の平方根を実際に必要とする場面が少ないために定着しないか

らだろう。定義を指導するときには複号±を安易に使用せず,

　・4 の平方根のうち正の方は 2, 4 の平方根のうち負の方は -2

　・$\sqrt{4}$ は 4 の平方根のうち正の方, $-\sqrt{4}$ は 4 の平方根のうち負の方

と理解させたい。

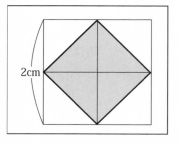

図 7.9　$x^2 = 2$ を必要とする場面

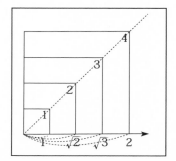

図 7.10　正方形の 1 辺の長さと数直線

(3) 実数の指導

　実数の指導では,無理数の導入までの数概念の拡張を振り返り,自然数,整数,分数,有理数,無理数の包摂関係について整理することや,いずれの数も四則演算について閉じていることを確認することが大切である。

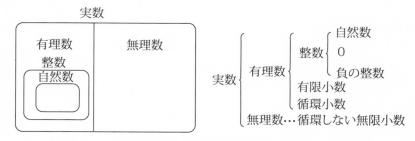

図 7.11　拡張した数概念の整理

　ここでは,小数と分数の関係を考え,既約分数の定義,既約分数を小数にすると有限小数あるいは循環する無限小数になること,逆に有限小数,循環小数が既約分数で表せることを確認する。

　有理数の集合から任意にとった 2 つの数の間に,必ず有理数が存在すること

を有理数は稠密であるというが，無理数もまた同じ性質を持っていることを確認したい。また，集合 $\{a+b\sqrt{2} \mid a, b :$ 有理数$\}$ が四則演算で閉じていることも確認したい。発展として，既約分数を小数にしたとき有限小数になる必要十分条件が既約分数の分母に 2 と 5 以外の素因数を含まないことであること，小数を 2 進数や 3 進数で表すことで，小数は無限小数で表すことができること，$\sqrt{2}$ の連分数展開なども興味深い内容といえよう。

(4) 文字の指導

　文字の指導では，生徒の理解状況に合わせること，使用されている文字がどのような役割で使われているかを明確にすることなどが必要である。なお，文字の役割には，①定数（π のような特定の定数，比例 $y=ax$ における a のような任意の定数，加法の交換法則 $a+b=b+a$ における a，b のような一般の数），②未知数（方程式 $x+1=3x-4$ における x），③変数（比例 $y=ax$ における y，x）などがある。

　また，小学校における文字の指導に関連する扱いは，第 4 学年の A. 式と計算の領域で「数量を□，△などを用いて表し，その関係を式に表したり，□，△などに数を当てはめて調べたりすること。」に始まり，第 6 学年の A. 数と計算の領域で「数量を表す言葉や□，△などの代わりに，A，x などの文字を用いて 式に表したり，文字に数を当てはめて調べたりすること。」C. 変化と関係の領域で「（ア）比例の関係の意味や性質を理解すること。（イ）比例の関係を用いた問題解決の方法について知ること。（ウ）反比例の関係について知ること。」まで多くある。中学校では，小学校における学習の素地を踏まえて，文字は数と同じように計算や操作の対象として扱うことができるようにすることが指導の中心となる。

(5) 文字式の指導

　中学第 1 学年の文字式の指導では，まず 1 次式の計算が主な学習内容となる。その後学習する 1 次方程式を解くために必要な簡単な式計算ができることである。式計算と同時に，文字式の指導では，次の 2 つの点の良さを感じられるように指導することが大切である。

① 数量の関係や法則を一般的に簡潔，明確に表現できる。

球の体積の公式や乗法公式や因数分解の公式などを言葉や文章で表現することを考えるとその良さが分かる。また，偶数を $2n$（n を整数），距離・時間・速さの関係を $y=vx$（距離 y m，x 時間，毎時 v km）などを考えると数量の関係や特徴を一般的に表現できていることが分かる。

② 形式的処理による思考や操作ができ，統合・発展が可能になる。

方程式や連立方程式を例に考えると，数量の関係を文字式で表すことにより形式的な処理が行われていることが分かるだろう。連続する3つの整数の和に成り立つ事柄を示すことも例として挙げることができる。

また，底辺 a，高さ h の三角形の面積 S は $S=1/2ah$ と表せる。このことは，a と h が同じ値である三角形の面積は形が異なっていてもすべて等しくなることを示しており，等積変形にも繋がる。また，a または h のいずれかを固定すれば，三角形の面積は底辺に比例する，三角形の面積は高さに比例するということも分かる。式をいろいろな見方で解釈することで，新たな統合・発展が期待できる。

中学校の文字式の指導では，「数の代表としての文字」「変数としての文字」を本格的に扱うことになる。その際に，文字の表記規則は丁寧に扱い，規則の必要性を実感するように指導したい。また，$3a+2$ などの文字式は，演算記号が残っているのでまだ計算できると捉えてしまうことがある。しかし，$3a+2$ は a を3倍して2を加えるという操作と計算した結果の両方の意味をもっていることを理解することが重要である。このことは文字式のついての理解を評価する上で重要な観点となり得るだろう。

7.3.2 方程式と不等式の指導

方程式の指導においては，まず等号の意味を正しく理解させる必要がある。小学校の段階で学習する「3+5=8」は「3たす5は8」と言うことから，「=」が「→」の意味理解でとどまっている場合がある。この場合，右辺と左辺がつりあった状態という捉え方に転換させてやる必要がある。以下では，方程式及び不等式の正しい理解に至るための，具体的な指導のポイントについて，具体的な事例をもとに取り上げる。

(1) 等号

文字式や方程式で，よく間違う例として次のようなものがある。

$$\frac{2x-1}{3} - \frac{3x-2}{2} = 2(2x-1) - 3(3x-2)$$

$$4x - 7 = 2x - 1$$

$$= 4x - 2x = -1 + 7$$

$$= 2x = 6$$

$$= x = 3$$

　このようにフレーズ型の文字式を＝でつないで式を変形する場合とセンテンス型の文字式（方程式）を等号の性質を使って等式を変形していく場合を混同することがよく見られる。これらの混同が起こらないように指導したい。等式の同値変形が，フレーズ型の式をより簡単に変形していくことは異なることを理解できるように指導することが重要である。フレーズ型の文字式とセンテンス型の文字式（方程式）と比較して違いを考えることはもちろん大切なことであるが，次のように，センテンス型の文字式で，左辺と右辺の関係を常に意識しながら，いろいろな等式をつくる練習を行うことも大切である。

$$2x = 4 + 3x \qquad\qquad 2x = 4 + 3x$$

$$2x \boxed{+x} = 4 + 3x \boxed{+x} \qquad 2x \boxed{-5} = 4 + 3x \boxed{-5}$$

(2) 方程式と恒等式

　方程式 $2x + 1 = 5$，$x + 2y = 10$ について，前者の解は $x = 2$ と 1 つであり，後者の解は $(x, y) = (2, 4), (4, 3), (-2, 6), \cdots$ など数多くある。このように，文字の値によって成り立ったり成り立たなかったりする等式を方程式という。方程式の解はただ 1 つであると理解してしまう場合があるので，方程式の解は無数の場合もあることを捉えさせておくことは大切だろう。

　方程式 $4x - 7 = 2x - 1$ を，次のように等式の性質を用いると $x = 4$ が求まる。この $x = 3$ をもとの方程式に代入すると等式が成り立つ。

$$4x - 7 = 2x - 1 \qquad\qquad (左辺) = 4 \times 3 - 7$$

$$4x - 2x = -1 + 7 \qquad\qquad\qquad = 5$$

$$2x = 6 \qquad\qquad\qquad (右辺) = 2 \times 3 - 1$$

$$x = 3 \qquad\qquad\qquad\qquad = 5$$

このことに驚くあるいは不思議に思う生徒は少なくない。式変形により求める解と値を代入して等式が成り立つ値が一致していないからである。もとの方程式 $4x-7=2x-1$ を等式の性質を用いて変形させることで、方程式 $x=3$ を得ているという実感を持たせたい。

ちなみに、$3x+4x=7x$、$(x+y)^2=x^2+2xy+y^2$、$\sin^2x+\cos^2x=1$ といった等式の場合、文字の値がどのような数でも成り立つ。このような等式を恒等式という。不等号を含む式（不等式）においても、$x+2y>10$ のように成り立ったり成り立たなかったりする文字 x,y の値がある不等式と、$x^2+y^2+1>0$ のように文字 x,y の値がどのような数でも成り立つ絶対不等式がある。

(3) 二次方程式

二次方程式は数と式の領域において、中学校の集大成といっても過言ではないだろう。

二次方程式の解法は 3 通りの方法が用いられる。

① 因数分解を利用する方法
② 平方根の考えを用いる方法
③ 解の公式を用いる方法

①の因数分解の方法は高次方程式においても用いられる方法である。特に、「$AB=0$ ならば $A=0$ または $B=0$」という性質は大切である。しかし、因数分解ができない場合もあり、いつでも解が得られるわけではない。

①の方法に対して、②の平方根の考えを用いる方法は、すべての二次方程式を解くことができ、③の解の公式にも通じる大切な考え方である。解の公式を導く際、そのプロセスを理解するのは難しくなりがちである。具体的な二次方程式を取りあげて 2 つの式変形を比較するなど丁寧に扱う必要がある。

二次方程式の指導においては、ただ二次方程式を解くだけでなく、解の公式で得られた解を用いると二次式を因数分解できること、x の二次方程式 $ax^2+bx+c=0$ の解が、係数 a,b,c の値によって 1 つに決まることなどに触れることも重要であるといえよう。

研究課題

1. 小学校から高等学校までの代数教育の内容の概略と，その系統性について記すとともに，代数教育における問題点（指導困難な点）について記しなさい。
2. 数の種類について整理し，それぞれの数の特徴についてまとめるとともに，その指導に際して注意すべき点について説明しなさい。
3. 方程式や不等式における文字の意味の指導の留意点について説明しなさい。

引用・参考文献

文部科学省 国立教育政策所（2018a）「平成 30 年度全国学力・学習状況報告書　小学校算数」

　　https://www.nier.go.jp/17chousakekkahoukoku/report/17primary/17math/

文部科学省 国立教育政策所（2018b）「平成 30 年度全国学力・学習状況報告書　中学校数学」

　　https://www.nier.go.jp/17chousakekkahoukoku/report/17middle/17math/

羽住邦男・中西知真紀・小関熙純・国宗進（1990）「文字式による論証」日本数学教育学会誌 数学教育，第 72 巻 9 号，pp.2-10

森川幾太郎（1972）『数の世界』，国土社，東京

村野英克（1972）『方程式』，国土社，東京 ストリャール，宮本敏雄，山崎昇訳（1976）『数学教育学』明治図書，東京，p.237

山岸雄策（1972）『文字の世界』国土社，東京

横地清（1963）『数学科教育法』誠文堂新光社，東京，pp.128-187

横地清監修（1966）『《中学校》新しい数学の授業計画』国土社，東京，pp.50-121

横地清（1978）『算数・数学科教育』誠文堂新光社，東京，pp.77-86

第8章

幾何の教育

本章では，中等教育段階の幾何教育のあり方について検討する。第1節は生徒の認識と課題，第2節は背景となる幾何内容，第3節は幾何教育の指導の具体例について扱う。

8.1 生徒の認識と実態（各種調査などから分析）

8.1.1 全国学力調査の低い正答率の問題から

中学校3年生段階で，平面及び空間図形の問題の中で，特に理解が困難とされる事項を明らかにする。また，高等学校においてもどのような課題が浮き彫りになっているかを，先行研究を参考に検討課題を整理する。調査結果は，全国学力・学習状況調査報告書（2018，2019）から抽出した。

図8.1の調査問題④(2)は，操作「折る」や実験などの見通しをもち，作図ができて，折り目の線と角の二等分線の関係を理解しているかどうかを問う問題であるが，正答率は55.6%と低い傾向にある。

次の図の△ABCを，辺ACが辺ABに重なるように折ったときにできる折り目の線を作図しようとしています。どのような線を作図すればよいですか？下のア〜エまでの中から正しいものを1つ選びなさい。

ア．頂点 A を通り辺 BC に垂直な直線，イ．頂点 A と辺 BC の中点を通る直線，ウ．辺 BC の垂直二等分線，エ．∠A の二等分線

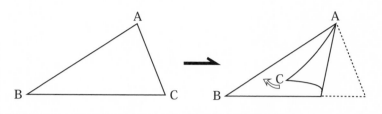

図 8.1　調査問題 ④(2)（2018）

　また，図 8.2 の調査問題 ⑤(4) は，四角錐の体積が，それと底面が合同で高さが等しい四角柱の $\frac{1}{3}$ の体積であることを理解しているかどうかを問う問題であるが，こちらも正答率は 58.4% と低い傾向にある。

　次の図 1 は四角錐で，図 2 は四角柱です。それぞれの立体の底面の四角形は合同で，高さが等しいことは分かっています。このとき，図 1 の四角錐の体積は，図 2 の四角柱の体積の何倍ですか？下のア〜オまでの中から正しいものを 1 つ選びなさい。

図 1　　図 2

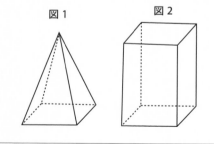

ア．$\frac{1}{4}$ 倍，　イ．$\frac{1}{3}$ 倍，

ウ．$\frac{1}{2}$ 倍，　エ．$\frac{2}{3}$ 倍，

オ．$\frac{3}{4}$ 倍

図 8.2　調査問題 ⑤(4)（2018）

　図 8.3 の調査問題 ⑦(3) は，四角形 ABCD がどのような四角形であれば，AF＝CE になるかを説明する中で，結論が成り立つための条件を考え，新たな事柄を見いだし，説明することができるかを問う問題であるが，こちらも正答率 53.8% と低い傾向にある。

真由さんは，これまでに調べたことを，次のようにまとめました。

まとめ

◎「正方形 **ABCD** の辺 **AB** の中点を **E**，辺 **BC** の中点を **F** とすると，**AF＝CE** になる。」ということが成り立つ。

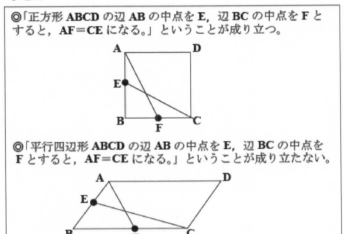

◎「平行四辺形 **ABCD** の辺 **AB** の中点を **E**，辺 **BC** の中点を **F** とすると，**AF＝CE** になる。」ということが成り立たない。

　上のまとめから，「四角形 ABCD が正方形ならば，AF ＝ CE になる。」ということが成り立つことと，「四角形 ABCD が平行四辺形ならば，AF ＝ CE になる。」ということが成り立たないことがわかります。正方形でない四角形で，AF ＝ CE になる四角形 ABCD を考えます。四角形 ABCD がどんな四角形ならば，AF ＝ CE になりますか。「～ならば，‥‥ になる。」という形で書きなさい。

図 8.3　調査問題 ⑦(3)（2019）

　それぞれの年度での出題が，図形の問題数や図形の「性質」「論証」「計量」「運動」「空間か平面か」等，均一化された内容とは言い難いが，正答率の低い問題については，例年同様の傾向が見られる。すなわち，「図形についての用語や基本的な性質」「論証」「空間図形」の正答率が低いのである。

8.1.2 今日も残存する検討課題

　上述の学力調査の結果から判明した検討課題を考える前に，中等教育の数学の内容を簡単に振り返っておく。

　中学校1年生では，直定規とコンパスを用いて作図を行い，図形の「運動」や「性質」，図形の「論証」や「計量」の基本的な内容を扱う。空間図形では，立体の各要素の「計量」を優先させ，正多面体とともに，角錐・円錐・球も扱い，それらの展開図と，表面積と体積の「計量」をする。

　中学校2年生では，「論証」をスタートさせるために図形の「性質」と「計量」を結びつけて，角と平行線・多角形の角，合同という基本的な用語や内容を扱う。三角形（二等辺三角形・直角三角形）の合同の後，四角形へと発展させて，平行四辺形の「性質」と平行線を利用した等積変形による面積を扱う。

　中学校3年生では，三角形の相似，平行線と線分比の「性質」や「計量」の後，再び「論証」を扱い，更に相似な図形（平面・立体とも）の「計量」（面積・体積）に戻るという展開である。最後に，円周角の定理を中心とした円の性質と，三平方の定理を扱い，中学校の最終段階として平面と空間の図形の「計量」をまとめている。

　高等学校1年生では，「計量」について，数学Ⅰの三角比で，三角形の決定，円に内接する多角形，平面で囲まれた空間図形への応用等を扱う。「性質」については，数学Aの平面図形で，「論証」も混在させた上で，三角形の五心，円周角の定理の延長，相似比を扱った定理，2円の位置関係を扱う。「空間図形」については，2直線・直線と平面・2平面の位置関係，オイラーの多面体定理を扱う。

　高等学校2年生では，生徒の進路希望によって数学が必要な科目かどうかを選択することになる。ベクトル・複素平面・1次変換・極座標等，直交座標で表したグラフを活用して，解析や代数領域を複合させながら，既に学んだ幾何の学習内容を発展的に扱う。

　このように中等教育段階の数学を概観してみると，平面図形においては，扱いに物足りなさを感じる部分はあるものの，ある程度系統的に教育内容が配列されている。一方，それと比較して空間図形の場合は，突然に内容が登場することが

少なくなく，学年間の系統的な脈略が見えにくく，例えば，角柱から多面体への拡張や，多面体から球への展開といった発展性が見られない。

横地（1964）は，半世紀以上前に当時の幾何教育の問題として，(1) 空間図形の惨状と，子どもの図形認識が弱いこと，(2) 幾何教育の内容の展開（体系化）が定まっていない，(3) 論証を幾何教育と関連して，どのように教育されるべきか，の 3 点について指摘を行なっており，数学教育の現代化が行われている時期においても，同様の指摘（横地，1973）を行なっている。

鈴木（1994）は，平面図形に関して「性質」「計量」「運動」「論理」の系統性や相互の関連を意識した図形教育のあり方について提案している。生徒の制作活動やコンピュータの活用等を積極的に取り入れることを通して，図形の性質や論理を体感しながら学ぶことの重要性を指摘しており，こうした実証的な研究が幾何教育の改善につながってきたといえる。

一方で，「論証」や「空間」については，未だに横地が指摘した課題が解決されたわけではなく，現在の学力調査の結果を見ても，依然，空間図形の問題，論証の問題が大きく残されているといえるのである。当然，こうした課題は，高等学校においても持ち越されることになり，早急な改善の方策が求められるところである。

河崎（2016）は，高校の空間図形の重要な数学の内容の一つとして，円錐曲線が挙げられるとした上で，地球から見た太陽の日周運動によってできる影の軌跡（図8.4）に関する認識調査を，小学生（37名），高校生（102名），大学生（79名）に対して実施した。

表8.1 は，校種別に季節毎の影の軌跡を回答した割合である。正解は，夏至が表8.1 の左側の灰色箇所の双曲線であり，春分・秋分が東西を x 軸，南北を y 軸と見なすと $y = a$ （$a > 0$）の一直線，冬至が北側の方にU字型のような緩やかな双曲線となり，3つの季節の影の軌跡は大きく形状が異なるのである。

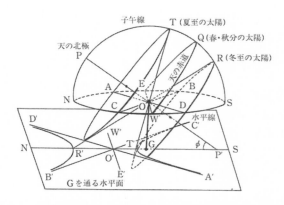

図 8.4　垂直な棒 OG の先端 O の日影曲線 （為永，1990）

表 8.1　影の軌道のスケッチ図と回答率 （一部抜粋）

Pattern	夏　　至	春分・秋分	冬　　至	夏　　至	春分・秋分	冬　　至
K.K 大：n=79 S 高：n=102 N.J 小：n=37				大円	中円	小円
K．K大	25.3%	29.1%	22.8%	12.7%	17.7%	16.5%
S高	20.6%	29.4%	22.5%	12.7%	19.6%	14.7%
N．J小	32.4%	37.8%	27.0%	21.6%	18.9%	16.2%

　夏至以外は，多くの小学生，中学生，大学生が誤答しており，併せて誤答傾向における学校種間の大幅な違いも見られない。この要因として，夏は太陽の高度が高く影が短く，冬は高度が低く影が長くなるという認識から半円を平行移動させればよいと判断したり，日照時間の長さが異なるので同心円の半径が異なると判断したりするためではないかと考えられる。

　こうした太陽の日周運動の問題は理科教育と数学教育の双方に関わるものであり，日常的な問題に対して，数学を用いて正しい解答に接近するといった姿勢は，しっかりと身に付けさせる必要がある。今回の学習指導要領改訂に伴い，高等学校に理数科目（理数探究，理数探究基礎）が設定されたが，ぜひそうした時間にじっくりと時間をかけて指導すべき内容であると考えられる。

8.2 背景となる幾何の内容

　ユークリッド幾何学とは，ユークリッドによって書かれた「ユークリッド原論（『原論』）」全13巻からなる。これが学問の体系とされる所以は，定義・公理と命題（作図や定理）を構成し，公理系を成立されるからである。また，ユークリッド幾何学は日常生活の形やモノづくりの柱になっているからこそ，学校の授業で扱う必要がある。生徒がユークリッド幾何学によって導き出される定理などの結論だけを形式的に学んだだけの状況では，生徒が論証ということ自体の意味を理解できていないといった現実が露呈する。

　例えば，ユークリッド原論第1巻の命題47は，三平方の定理の証明を取り上げており，既に証明されている定理と根拠が示す作図を基本にして関連させた体系を持って証明している。こうした定理・公理・公準について述べ，定理を証明していくという構成スタイルの意味と価値の指導が必要である。

　また，ユークリッド空間の構造を，ヒルベルト幾何学として定義，公理（結合・順序・合同・平行・連続）と整理して捉えることも重要である。

　ユークリッド原論については，授業者は是非一読してもらいたい。自分に合った読みやすい解説書が他にあれば大いに活用できる。

　こうした幾何を学ぶ書籍のお勧めは，
・中村幸四郎他訳（1996）『ユークリッド原論（縮刷版）』共立出版
・D. ヒルベルト（2005）『幾何学基礎論』ちくま学芸文庫
・秋山武太郎（1959）『わかる幾何学』日新出版
である。

幾何教育の指導の具体例

　ここでは生徒の理解が容易でない空間図形に重きを置いて解説する。またここ
での内容は，単に読み進めるだけでなく，実際的な活動を並行して行うことを勧
める。

8.3.1　平面図形

　教科書に書かれている三平方の定理の証明方法以外に，三平方の定理の拡張と
して，2つの図形が相似な関係の場合，長さの比が $a:b$ ならば，面積比は $a^2:b^2$
に着目して，他の色々な証明方法を吟味・議論してみることは思考の多様性・自
由性を養う上で重要である。

　また与えられた問題を解くだけでなく，簡単な問題でよいので，自ら問題を考
案する活動は教師，生徒の双方において利点が多い。生徒自らが問題作りに取り
組んだ場合，意欲的に解決しようすることになる。

　例えば「論証」する能力に課題がある場合，実際に図形を作図させて課題が何
かを生徒が見つけ，それが真であるかを証明させてみるとよい。最初に結論が示
されており，それを証明するといった活動だけでは，生徒自身の課題にならず，
問われること自体の意味も捉えることができない。問1は，作図の活動が示され
ており，そこで生じる新たな図形を生徒が考察して，何かしらの規則性があるか
を推測し，それを問いとして証明につなげるという問題である。

問1　好きなように四角形を描いて，4辺の中点を結べば新たな四角形ができる。
　　どのような四角形になっているか答えよ。続いて，それが正しいかどうかを証
　　明するための命題の問題を作り，またそれを証明せよ。さらに，それが他の四
　　角形についても同じことがいえるのだろうか？

　あるいは合同条件を使って証明する初期段階の適切な問題を基にして，命題の
仮定と結論を確認する。そして幾つ仮定が見つかってもよいので，1つだけでも
それを変えてみると，「どのような問題になるか」「結論がどうなるか」「結論と

同じにならないならば反例，同じになりそうならばその証明を考える」という活動なども考えられる。問2は，何を仮定（正三角形の辺の長さ角の大きさなど）とし，何を結論と置くのか自体を問う問題となっている。

問2　線分 AB 上に点 P をとり，AP，PB をそれぞれ 1 辺とする正三角形APQ，正三角形 BPR を AB 側と同じ側に作るとき，AR＝QB である。この命題のうち，仮定（条件）と結論は何か，また仮定を変えるとどのような問題になるか，証明が可能か示せ。

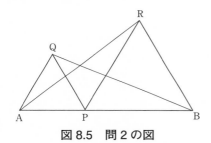

図 8.5　問 2 の図

8.3.2　数学的な背景を基にした空間図形

　空間幾何では，直線と直線，直線と平面，平面と平面の位置関係がとても重要である。それぞれどのような関係が生じるのか整理・理解した上で，色々な活動に取り組める。例えば，空間内の直線 ℓ, m, n や平面 α, β, γ の位置関係を，次のようないくつもの命題を作ってみて，正しいかどうかを話し合い，空間のイメージを描いて確かめ合う活動が大切である。

命題

(1)　$\ell \perp m, \alpha \, /\!/ \, \ell$　のとき，$\alpha \perp m$

(2)　$\alpha \perp \ell, \beta \, /\!/ \, \ell$　のとき，$\alpha \perp \beta$

(3)　$\ell \perp m, m \perp n$　のとき，$\ell \, /\!/ \, n$

判定　(1)　正しくない　　　　(2)　正しい　　　　(3)　正しくない

判定　(1) 正しくない　　　　(2) 正しい　　　　(3) 正しくない

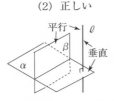

図 8.6　命題から考えられる図

特に直線と平面が垂直になる題材を，学校の授業ではよく使う。しかし，日常生活の構造物などでは図形同士が垂直に交わらない場面もあり，そのような現象についても，積極的に扱う必要がある。

【平面と垂線の関係】

　平面 α と直線 ℓ の交点を H とする。α 上に点 A，B をとり，直線 ℓ が2直線 HA，HB のそれぞれと垂直ならば，$\ell \perp \alpha$ である。

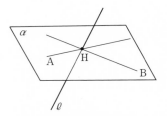

図 8.7　平面と垂線

　問3は，三角錐の面積公式を，$\frac{1}{3}$×底面積×高さと考えて，底面積は三角形 ABC，高さは O からの垂線の長さと考えてしまいがちであるが，実際には，三角形 OAB を底面に考えれば垂直に交わる関係から高さが OC であることが容易に見いだせる。このように，立体も様々な方向から観察して構造を考えさせる場面が必要である。

問3（中学校段階の問題）図 8.8 図1のような三角錐 OABC の体積を求めよ。
　　ただし，この三角錐の展開図は図 8.8 図2のような1辺の長さが OC＝8cm の正方形である。

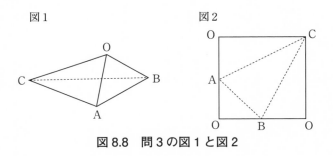

図 8.8　問3の図1と図2

［解答］　$\frac{64}{3}$

　問4は，「図形を折る」活動によって，見えない立体を想像して解答するのだが，実際には用紙を用いて実物を作り確認するなどの活動を行うことで，見えな

い図形が見えるようになる可能性は高くなる。こうした中等教育段階での「作って，触って，観察して探究する」経験の充実は重要である。

問4（高校段階の問題）　下図のような AB＜AD となる長方形 ABCD において，対角線 BD の中点 O を通り，2 辺 AD，BC 上に BD⊥PQ となる 2 点 P，Q をとる。このとき，DO＝6，PO＝4 である。PQ を折り目にして∠BOD＝90°となるようにしてできる図形において，四角形 ABQP を底面として，D を頂点とする四角錐 D-ABQP において，DA の長さを求めよ。

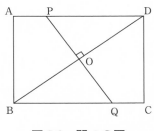

図 8.9　問 4 の図

［解答］線分 OA も三角形 DOP に垂直に交わるから，DA＝$6\sqrt{2}$.

　次に，面と面の位置関係「二面角」，直線と平面の位置関係「三垂線の定理」を述べる。これらは，「モノづくり」などのような日常生活に結びつく重要な要素が隠れている。学校教科書では軽微な記述で扱われ，授業では発展内容の 1 つとして紹介される程度である。簡単な教具を作って有用性を実感させる場面が必要である。

【二面角】

　右図のように，2 平面 α, β の交線を ℓ とする。各平面上の点 A，B から ℓ に垂線を引き，交点を P としたとき，∠APB となる形を二面角という。これは 2 つの平面角であることに注意したい。

内側の鋭角の場合

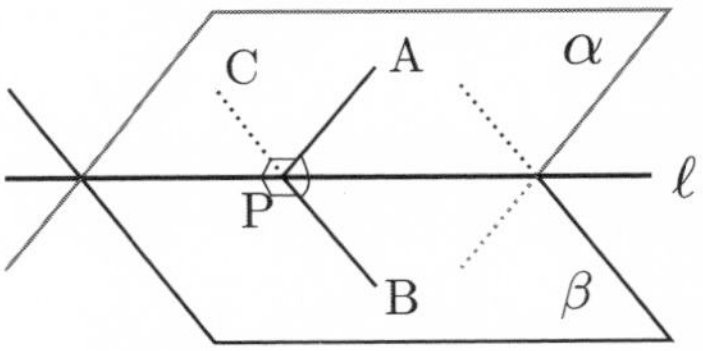

図 8.10　二面角

※条件を鈍角にすれば，2 平面のなす角は∠APC を示すことになる。

【三垂線の定理】

平面 α とその上にない点 P があり，また α 上に直線 ℓ 上にない点 H があるとする。ℓ 上の 1 点を Q とするとき，

$\quad$ PQ $\perp \ell$, HQ $\perp \ell$ $\quad$ ならば $\quad$ HP $\perp \alpha$

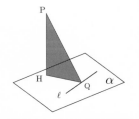

図 8.11 三垂線の定理

上の定理は，下記 (1)(2)(3) のうちの (3) であり，証明は次のようになる。

(1) $\quad$ PH $\perp \alpha$, PQ $\perp \ell$ $\quad$ ならば $\quad$ HQ $\perp \ell$

(2) $\quad$ PH $\perp \alpha$, HQ $\perp \ell$ $\quad$ ならば $\quad$ PQ $\perp \ell$

(3) $\quad$ PQ $\perp \ell$, HQ $\perp \ell$ $\quad$ ならば $\quad$ PH $\perp \alpha$

それぞれ一般的な証明については省略する。

［証明］$\quad$ 直線 ℓ 上に，Q と異なる点 A を
$\quad\quad$ とる。三平方の定理から

$\quad$ $PQ^2 + QA^2 = PA^2$ $\quad$ …①

$\quad$ $QA^2 + HQ^2 = HA^2$ $\quad$ …②

$\quad$ $HP^2 + HQ^2 = PQ^2$ $\quad$ …③

①, ②, ③ から

$\quad$ $HP^2 + HA^2 = PA^2$

$\quad$ ゆえに，$\angle PHA = 90°$

$\quad$ よって，HP $\perp$ HA $\quad$ …④

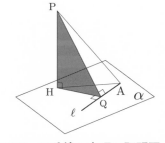

図 8.12 三垂線の定理の証明図

HP $\perp$ HQ より，直線 HP は平面 α 上の交わる 2 直線 HQ，HA と垂直であるから，HP $\perp \alpha$. $\hfill$ 証明終わり

続いて，三面角や四面角という用語があるので，多面角とは何かについて述べる。

【多面角】

図 8.13 のように，多角形の平面外の 1 点 O から，他のすべての頂点を通る半直線を引くと，隣り合う 2 直線の間に平面が生まれる。それらの複数の平面が合わさったところの図形を多面角という。多面角内の隣り合う平面で作る二面角を多面角の二面角という。それぞれの面における角をこの多面角の平面角という。

多面角は，その面の数によって三面角，四面角，五面角（図8.13）というように区別することができる。

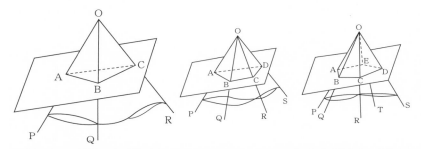

図 8.13　三面角　（3 平面は△OAB, △OBC, △OAC）と四面角と五面角

　学習指導要領では，二面角においても高校数学教科書に紹介程度と扱いが非常に少ない。空間図形の認識に課題があることが指摘される現状において，多面角の扱いが必要であり，こちらも理数科などで実際の活動を通して学ぶことが望ましい。

　空間幾何を参考とする図書として，以下のものがお勧めである。

・秋山武太郎（1966）『わかる立体幾何学』日新出版
・矢野健太郎・宮原繁（1988）『空間図形改訂版』科学振興新社

8.3.3　水平面や鉛直面で考える学習活動

　我々は，地球の表面に接する図形を水平，地球の重力（中心）方向に向かう図形を鉛直とする基準で考え，多くの活動をしている。安心・安全な暮らしをするためにも，建物や生活用品や精密部品などに狂いがあっては困る。便利な機器や装置によって簡単に水平や鉛直は測定できるが，学んだ数学の力によって，大凡の見当がつき，しかも判断できるようになる力を身に付けるような教材の開発が重要である。

　以下では，具体的な事例をもとに，水平面や鉛直面で考える学習活動の展開について解説することにする。

　1980年代まで，教育養成系の学部必修科目に「測量」の授業があり，身の回りの建築物から土地の形状などを計測する簡単な内容を扱っていた。現在におい

ても，数学理論の理解を深めて，造形物の課題も見つけることにつながる重要な活動であり，問5のような扱いが考えられる。

問5　三垂線の定理の活用

　山頂 A から観測地点 B，C がある。AH⊥BH，AH⊥CH のとき，AP⊥BC となる点 P がある。HP と BC は垂直に交わるか確かめよ。

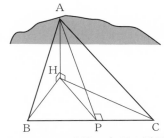

図 8.14　三垂線の定理の活用

　併せて，制作活動やそれに伴う検証も重要である。問6は，正四面体の制作活動を通して二面角の学習ができるようになっており，問7，問8はその応用である。

問6　二面角の認識問題から見える課題

　高校数学教科書に，2つの平面のなす角の定義（図8.10）が示されているが，意味を理解しているかの確認のため，正四面体を作る。厳密な展開図を描かずに，また直定規やコンパスも使用しないで，写真のような官製封筒に折り目や切り取り線を作るとよい。垂直二等分線などの「折り目」を入れて，封筒と短辺と平行な線で切り取り，組み立てると正四面体ができるので，二面角を実際に確認するとよい。

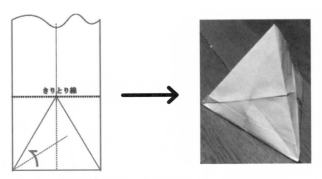

図 8.15　封筒の折れ線と組み立てた正四面体

問7　正四面体の二面角の値を求めよ。

[解説]　1つの面が正三角形であるから，2辺で交わってできる角（平面角）が二面角を表していると考えてはいけない。立方体や直方体の場合は，平面角が理論上二面角になっているから事が足りた。二面角測定器（志田, 2000）を使用して，どの部分の角度を測ればよいかを考えている授業の様子を見れば，二面角の定義を理解しているか直ぐに分かる。

[解答]　右図のように，∠CMD = θ が正四面体の二面角である。△CMD において三角比の余弦定理を使って，$\cos\theta = \frac{1}{3}$ となる。

θ と 60° との大小関係が分かる。

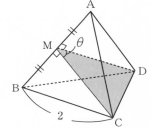

図 8.16　二面角 θ の位置

問8　同じように官製封筒を使って，二面角が直角になるような四面体を作れ。

【三面角】

　三角形の内角の和は 180° であり，三面角という図形においても同様な性質がある。三角形には3つの角と3辺の要素があって，そのうち3つの要素の値が分かれば三角形の形状が決定できる。三面角も角度を対象としてある条件が揃えば四面体を決定できる。そのことによって，多面体や球体の性質・要素を求める学習内容にもつながり，日常生活や科学の現象の探究へと発展できる。

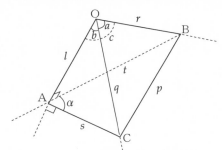

図 8.17　三面角と二面角を求める基本図形

図 8.17 のように，三面角の頂点 O にできる平面角を a, b, c，2 つの平面で三角形 OAC と三角形 OAB でできる二面角を α（条件は CA⊥BA）とする。このような四面体を考えたとき，三面角と二面角の関係は，二面角 α を求めるならば，

$$\cos\alpha = \frac{\cos a - \cos b \cos c}{\sin b \sin c}$$

上式を変形して，平面角 a を求めるならば，

$$\cos a = \cos\alpha\,\sin b\,\sin c + \cos b\,\cos c \quad \cdots ⑤$$

と表せる。

他の平面角 b, c や他の二面角 β, γ とする場合も，同様に示すためには，上式の角の組合せを変えて，当てはめ直せば可能である。

問 9　四面体と二面角（高校段階の問題）

図 8.18 のような展開図を組み立てて，四面体 OABC を作り，平面 P と平面 Q でできる二面角 α を求めよ。関係式の確認にもなるので，$\cos\alpha$ を，cos 60°, cos 45°, cos 30°, sin 45°, sin 30° で表してから算出して，式⑤が成り立つか確認せよ。※組み立てた立体は相似形であるから，それぞれの角の大きさは変わらない。ある 1 辺の長さを 1 にすれば算出しやすい。

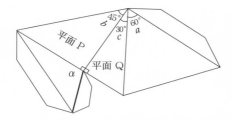

図 8.18　三面角の二面角を求める四面体の展開図と四面体

問 10　この平面角と二面角の関係式を使って，正四面体の二面角を求めよ。問
　　　7 の解答結果が正しいか確認せよ。

関係式からは，3 つの平面角の大きさが分かれば，二面角が決まる。また 1 つ

の二面角と 2 つの平面角の大きさが分かれば，残り 1 つの平面角も決まるということにもなる。

問 11　3 つの二面角と 3 つの平面角の間で，決定できる関係式は，他にあるか考察せよ。

【立方体の切断による断面図】

立方体の切断面には様々な形状があり，直線や平面の位置関係や 2 直線同士や平面と直線のなす角度に加えて，二面角や三面角の学習内容までも含めることができる。多様で奥の深い学習活動の展開が期待できる。

以下では立方体に関する内容に絞って，展開図と断面図を扱う。

断面図が平面になるように立方体を 1 回で切断してできる他の多角形は，図 8.19 の三角形や五角形に加えて四角形，六角形がある。立方体の表面にゴムや紐のようなもので結び締めてみれば分かるが，1 回の切断では，1 つの面に何本も直線は引けないし，6 つの面しかないため 7 辺以上の多角形（七角形以上）はできない。

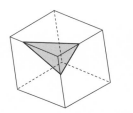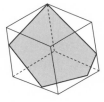

図 8.19　立方体の断面図例

展開図から組み立てた立体の観察以外にも，立体から展開図を考える活動も重要である。断面図の各辺の長さ，断面図の内角の大きさ，外壁に当たる立方体の平面との二面角の大きさ，面積，体積等を追究する活動が期待できるからである。問 12，問 13 は，いずれも立方体の断面図と展開図に関する基礎的内容である。

問 12　立方体を 1 つの平面で切断して 2 つの立体に分ける。それらが合同にな

るとき，その断面図の形を掲げよ。

［解答］

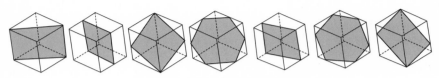

図 8.20　立方体の断面図

　上記の基本的なもの以外に，立方体の対称軸に着目して軸回転すれば無数にある。向かい合う面の 2 つの内心を結んだ直線，2 辺の中点を結んだ直線，対角線を軸にして回転した断面図をかいて確かめてみるとよい。

問 13　（中学校段階の問題）立方体を幾つかの平面で切り口を入れながら，合同な四角錐に 3 等分する。この四角錐の展開図を作れ。

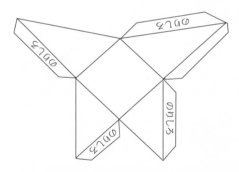

図 8.21　立方体を 3 等分する四角錐の展開図

【正多面体】

　制作活動を踏まえた正多面体の学習は，検証の作業を組み込むことができることから立体の理解に有効であると考えられる。また，正多面体の内容の発展として，球面や球体の内容へとつながり，地球上の位置関係や現象・地球と太陽と月を中心とした天体・化学領域の分子構造などのような日常生活や科学の内容まで

世界が広がる。

問14　正多面体の1つの面が3種類の正多角形しかない理由から，正多面体が
　　　5種類しかない理由を述べよ。オイラーの多面体定理を用いてもよい。

[解答]　多面体の1つの頂点に集まる図形は，3つ以上の合同な多角形が必要で
ある。正六角形の内角の1つが120°であるから，展開図から考えると3つの正
六角形を合わせると1つの頂点に集まる角の大きさの和は，360°で平面になり，
立体が組み立てられない。したがって，正多面体の面は，正三角形，正方形，正
五角形の3種類しかない。そこで，頂点に集まる面の数をそれぞれ場合分けして
考えれば，（ⅰ）．正三角形の内角が60°だから，3枚，4枚，5枚で3種類，（ⅱ）．
正方形の内角は90°だから，3枚で1種類，（ⅲ）．正五角形の内角は108°だから，
3枚で1種類となる。

　　この時点で，正多面体が5種類以下しか存在しないという上限が決まる。

　　次に，オイラーの多面体定理 $F+V-E=2$（F：面の数，V：頂点の数，E：辺の数）
が成立するという前提で，正多面体について確かめれば5種類しかない。

問15　正八面体，正十二面体，正二十面体について，それぞれの対角線と辺，2
　　　つの対角線，面と辺，対角線と面の位置関係やなす角の大きさ，2つの面の
　　　位置関係や二面角の大きさを考察して求めよ。

【多面体の入れ子構造】
　　写真8.1の大きな立方体のスケルトンタイプの作品は，
　　ⅰ．中核にしている正四面体の頂点を正十二面体の頂点に合わせる。
　　ⅱ．その正十二面体の頂点の8つの頂点を正八面体の面（正三角形）の内心に
　　　　合わせる。
　　ⅲ．その正八面体の頂点を正二十面体の辺の中点に合わせる。
　　ⅳ．その正二十面体の6辺を立方体の辺に合わせる。
というように，5つの正多面体を頂点や辺で接するなどの工夫をすることで順次

組み入れており，「正多面体の巡礼」とも呼ばれている。組み入れる順番も好み
によって変えることができる。問15で考察した正多面体によって，正多面体の
組合せの難易度は異なる。簡単な実物を作っても，立体図形の「性質」「計量」
等の確認にもなるし，新たな性質（双対な関係など）にも気づき，多面体の探究
への拡がりへとつながるだろう。

写真 8.1　正多面体の入れ子構造　　**図 8.22　正 12 面体に内接する正 20 面体**

問16　2種類の正多面体を用いて，正多面体の内部に別の正多面体を組み入れ
　　　る入れ子構造を作りなさい。図8.22は難問のうちの一例であるが，自分で
　　　取り組める範囲の正多面体の組合せでよい。※準備道具とポイント：内側に
　　　入れる正多面体はケント紙で組立て，外側の正多面体はプラスチック板を使
　　　う。プラスチック用接着剤は，ボンドＧＰクリヤー（コニシ）がお勧めである。
　　　100円 SHOP やホームセンターで安く簡単に手に入る。

【切頂八面体】

　図8.23は，立方体を切断して制作した切頂八面体（正八面体の各辺の1/3を
各頂点から切り取って作った立体）である。京都市内の大通りの街灯・建造物に
活用されたりしている（写真8.2）。この立体は，写真8.3のように立方体を半分
にした立体を組み合わせてもできる。しかも，この立体は空間を敷き詰められ（写
真8.4），化学の世界では，エネルギーが安定しやすい性質をもった物質として，
ケルビン14面体ともいわれている。

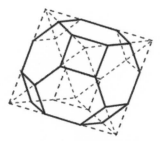

図 8.23　切頂 8 面体

写真 8.2　多面体（数学）のアート活用

写真 8.3　立方体から見た立体

写真 8.4　空間充填する切頂 8 面体

　こうした多面体の内容が，アートと数学の架け橋になる可能性であったり，直接見えない科学の概念などを表現したりすることは，生徒に数学の有用性や実用性を感じさせる上で重要な内容といえる。こうした，他分野との関係も積極的に取り上げることが今後はさらに重要となる。

問 17　立方体や直方体のような平行多面体は，空間を敷き詰めることができる。切頂八面体ができる原理も参考にして，これらの立体以外に空間を敷き詰める立体がないかを考え，あればその展開図を描け。

問 18［オイラーの多面体定理の活用］　名刺を 3 枚用意して，図 8.24 の左のように幅 1 mm 程度のカギ型の切り込みを入れる。標準の名刺サイズは，短辺が 55 mm，長辺が 89 mm 程度である。その 3 枚を噛み合わせて，図 8.24 の右のような立体を作成する。

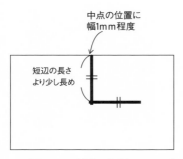

中点の位置に
幅1mm程度

短辺の長さ
より少し長め

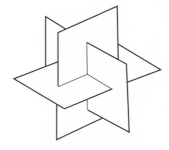

図 8.24 （左）名刺の切り込み方 （右）3 枚を組み込んだ立体

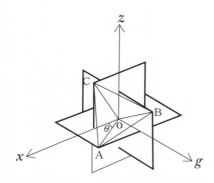

図 8.25 立体と 3 次元座標の位置づけ　　図 8.26 名刺でできた正二十面体

　この立体の頂点は，3×4＝12 個（3 枚の名刺にはそれぞれ 4 つの頂点がある）で，名刺の短辺の長さと等しくなるように細い竹ひごを切断し，ピタガン・ホットガンを使って各頂点を接着する（竹ひごもピタガンもホームセンター等で手に入る）。どんな多面体ができるだろうか。

［解説］切り取った竹ひごの本数は，立体の辺の数になる。そして面の数を数えれば，オイラーの多面体定理の確認にも使える。

問 19　正二十面体には，黄金比が隠れているといわれている。どのような特徴
　　からそれがいえるのか考察せよ。また黄金比が出てくる証明があれば検討せ
　　よ。

[証明] 名刺と相似な長方形3枚を噛み合わせた立体を，図のような空間座標に位置づける。四面体 OABC について，OA＝OB＝OC＝1，

$$A(\cos\theta,\sin\theta,0),\quad B(0,\cos\theta,\sin\theta),\quad C(\sin\theta,0,\cos\theta)$$

OA＝OB＝OC＝1 としたとき，

$$AB=BC=CA=\sqrt{\cos^2\theta+(\sin\theta-\cos\theta)^2+\sin^2\theta}=\sqrt{2-\sin 2\theta}$$

名刺型の短辺の長さは，$2\sin\theta$ であるから，正二十面体となるには，

$$\sqrt{2-\sin 2\theta}=2\sin\theta\quad(0<\theta<\pi)$$

が成立するから，これを満たす θ について考察する。さらに

$\frac{2-2\sin\theta\cos\theta}{4\sin^2\theta}=1$ より

$$\frac{1}{2}\left(\frac{1}{\tan^2\theta}-\frac{1}{\tan\theta}-1\right)=0$$

$\tan\theta=t(t>0)$ とすると，$t^2-t-1=0$．よって，$t=\frac{1+\sqrt5}{2}$ が求まる。この数値は黄金数を示す。

[解説] 名刺の短辺・長辺のサイズもよく観察すると，1, 1, 2, 3, 5, 8, 13, 21, 34, 55, 89, 144, ……というフィボナッチ数列にも現れる。また正二十面体を観察すれば，1つの頂点に5本の辺が集まって正五角錐を形成し，その底面にあたる正五角形の1辺に対する対角線の比が黄金比でもある。長方形の辺の比がそれに相当することは明らかである。

8.3.4 球で考える学習活動

　球に関する他教科の扱いについて見てみると，小学校5年生社会科では，地球の緯度・経度を学び，方位の調べ方と自分の好きな2つの都市を選んで，地球儀上でその2都市の距離（大円を通る地球儀上の最短距離）を紐で張り，長さを測るといったことが扱われる。実際の距離は，地球の赤道の長さ（約4万km）と地球儀の赤道の長さの比から算出できる（写真8.5）。

　小学校4年生理科では，一日の影の動きと地球の公転，小学校6年生では，地上から見た一日の太陽の軌道を学び，中学校3年生理科では，地球の公転・自転と太陽・月の関係から天体の範囲まで扱う（図8.27〜図8.31）。

社会科，理科ではある程度，球の活用として地球と天体について取り扱っている。一方，中学校数学で球の「計量」と簡単な「性質」を扱うにとどまっている。天体の位置関係どころか，空間図形の「運動」さえも遠く及ばない現状である。そこで，先述した二面角の考えを応用させることで，立体を「四面体→多面体→球体」と統一的に扱うことの可能性が生まれる。

写真 8.5　地球儀を使って距離を求める方法

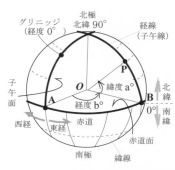

図 8.27　地球上の点 P の位置の表し方

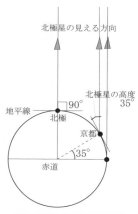

図 8.28　京都の緯度

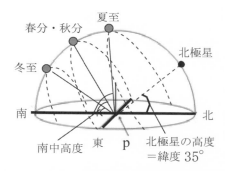

図 8.29　P（京都）地点における季節による太陽の日周運動の変化

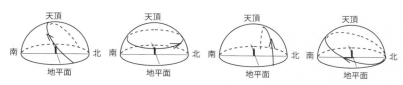

図 8.30　北半球の世界各地の夏至の太陽の日周運動

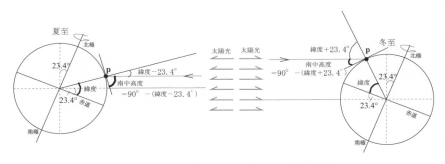

図 8.31　北半球上の地点での夏至と冬至の南中高度

　図 8.32 は，三面角の原理と緯度・経度を確認するための教材である。2 点間の距離を求める公式は，横地（1976）やインターネット上に出ているが，2 つの四面体を組み合わせて結果を導くことができる。地球の半径は分かっている前提で，中心角が決まれば扇形の弦と弧の長さも決まる（図 8.32 右下端の図）。先ずは北半球上で $30°, 45°, 60°, \theta$ の四面角の立体で練習し（図 8.32 左下端の図），図 8.18 のような四面体を 2 つ組み合わして考えれば，θ が求められるような関係式ができる。

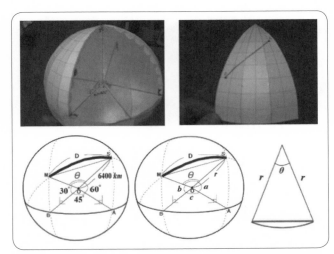

図 8.32　地球上の 2 地点間の距離を求める課題補助教具

問 20　図 8.32 の下真ん中の図から，半径を r，2 地点の緯度 a, b と経度の差 c が分かっているとき $\cos\theta = \sin a \sin b + \cos a \cos b \cos c$ を導きなさい。

また，具体的な北半球の2都市を選んで2地点間の距離を求めて，実際の距離と比較せよ。

8.3.5　グラフを活用した幾何教育

水平面を積み重ねて空間図形を作る考え方から，xyz 座標を活用して鉛直面を重ねて作った合同な図形で検討すれば，テクニカルな解法もその意味が分かりやすくなる。

線形計画法「4つの不等式 $x \geqq 0, y \geqq 0, 2x + y \leqq 6, 2x + 3y \leqq 12$ を同時に満たす x, y があるとき，$x + y$ の最大値と最小値を求めよ」の解法は，$x + y = k$ として図 8.33 のように $y = -x + k$ の直線群を引き，k の位置で答を求める。

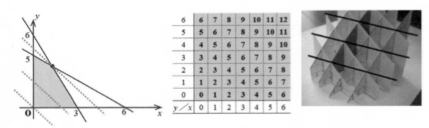

図 8.33　領域を表したグラフと表と xyz 座標で表した立体

普通，不等式で表された領域内にある x と y を選び，$x + y$ の最大値と最小値を選ぶ。図 8.33 の真ん中の表は計算した一部で $z = x + y$ としたときの z 座標の値とみる。右端の写真は xz 平面，yz 平面のグラフで表された図形を噛み合わせた立体であり，直線は同じ高さを結んだ場合の等高線になっている。つまり，$x^2 + y^2$ の等高線は円を表すということになる。

研究課題

1. 先行研究等を基に，本来扱われるべき内容（「平面と空間」「運動」「計量」「論証」）について，中学校と高等学校毎に整理せよ。
2. 三垂線の定理 (1), (2) を証明せよ。

引用・参考文献

細矢治夫ほか（2011）「2 章　天体の 1 日の動きと地球の運動」；『自然の探究　中学校理科 3』，教育出版株式会社，東京，pp.148-155

河崎哲嗣（2016）「日常現象と空間図形を関連付けた直観力を育てる数学教育 ― 見えない物の「想像力」と視点移動による形状の「推測力」―」岐阜大学教育学部 研究報告（紀要）～教育実践～，第 18 巻，p.60

守屋誠司，渡邉伸樹（2004）「算数・数学の基礎学力とは？ 小・中学校における学力と基礎・基本に関する研究」京都教育大学教科教育協同研究，pp.11-12

守屋誠司，丹洋一（2001）「第Ⅳ章　幾何の公理と証明―論理の考え方とその利用―」；横地清・菊地乙夫編著『第二学年の「選択数学」』明治図書，東京，pp.56-76

志田恵穂（2000）「多面体を作ろう」；横地清・菊地乙夫編著『第一学年の「選択数学」』明治図書，東京，pp.89-110

清水毅四郎ほか（2008）「1　日本はどんな国」；『小学社会　5 年上』大阪書籍株式会社，大阪，pp.6-11

鈴木正彦（1994）「1. 新しい図形教育をめざして」；横地清監修『21 世紀への学校数学の展望』誠文堂新光社，東京，pp.215-232

為永辰郎（1990）「日影曲線は円錐曲線，心を揺する楽しい授業」；『話題源 数学　上』東京法令出版，東京，pp.507-508

塚田捷ほか（2011）「1 章　地球の運動と天体の動き」；『未来へひろがる　サイエンス 3』（株）新興出版啓林館，大阪，pp.26-46

横地清（1964）「幾何」；横地清他編『科学科をめざす数学教育』誠文堂新光社，東京，pp.131-188

横地清（1973）『算数・数学科教育法』誠文堂新光社，東京，pp.98-109

横地清（1971a）「図形」；亀谷俊司他編『算数・数学授業の事典』岩波書店，東京，p.235

横地清（1971b）「幾何」；亀谷俊司他編『算数・数学授業の事典』岩波書店，東京，p.249

横地清（1976）「アンカレッジは，どっち，どれだけ」；『数学らんぶる―暮らしにアイデアを』時事通信社，pp.128-134

横地清，菊地乙夫（2000）「§3「三垂線の定理」から「地球儀の幾何学」まで」，「§4

三面角の幾何学と製作活動」；横地清・菊地乙夫編著，『「選択数学」の考え方と展開』

明治図書，東京，pp.15-32

第9章

解析学の教育

本章では解析学の教育について解説する。第1節では，解析学の教育課程と学力調査などで明らかになった問題点について述べる。第2節では，解析学の対象である関数・極限の概念の歴史について触れた後，中等教育と大学教育の間にあり，教科書にあまり触れられていない題材について解説を行う。第3節では，これらを踏まえて中学と高校での実践例を紹介する。

9.1 解析学と生徒の認識

9.1.1 解析学とその教育課程

解析学は，代数学・幾何学と合わせ数学の三大分野の一つといわれている。大学の数学科でも代数・幾何・解析・応用数学などと分類され，教員免許をとるために必要な科目も同じように分類されていることからも分かる。

解析学の主な研究対象は「関数」であり，その極限や変化量などを調べる分野であるといってよいだろう。

大学では，極限と実数の定義，関数の連続性と微分：高校の時から使ってきた連続性に関する基本的な定理が初めて証明される。また，微分や微分と独立して定義される積分を基本として，さらに多変数の微積分，微分方程式，ルベーグ積分と確率，関数解析に発展していく。その応用としては，将来の予測がある。関

数はその独立変数（説明変数ということもある，原因を表す，$y = f(x)$ の x）
を時間，従属変数（目的変数ともいう，結果を表す，$y = f(x)$ の y）を対象の
状態として，現在・過去・未来を記述することができる。また，現在あらゆると
ころで使われている統計学はルベーグ積分論を基礎とする確率の応用であると考
えられる。解析学は物理学のみならず自然科学，社会科学，さらには人文科学な
どあらゆる科学の基礎になっており，それを応用する工学や医学の発展のために
は不可欠である。このように考えると現代社会で解析学と無関係であるものを探
すほうが難しいといえる。そのため，日本だけでなく世界中で中学高校の数学の
カリキュラムは，大学レベルの解析学にたどり着くための準備を効率的に行うよ
う作られていると言ってもよいだろう。

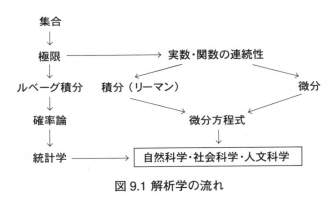

図 9.1 解析学の流れ

　小学校から高校までの解析学に関連する学習事項を概観してみよう。

　小学校では，数える，すなわち，ものの集まりと数との対応から始まる。長さ
を測るということは，線分と数との対応を意味し，面積は対象となる図形に入る
単位正方形の個数を意味する。また，2つの数の間の関係ある比例・反比例も学ぶ。

　中学校では，関数の概念が導入され，そのなかで最も基本的なものとして比例・
反比例を位置づける。文字式の計算に習熟した後に，1次関数を学ぶ。x^2 に反比
例する関数などが入っていた時代もあるが，最近では $y = ax^2$ の形の2次関数を
中学3年生で学んで中学校の教育課程は終わる。

　高等学校では，その半分以上が解析学とそれへの準備といっても過言はない。
2次関数，指数関数，対数関数，三角関数といった関数の特徴を学び，多項式の

極限，微分，積分を高校 2 年までに学ぶのがふつうである。標準的には高校 3 年で学ぶ数学 III では，微分・積分の対象が有理関数，無理関数，指数関数，対数関数，三角関数などのほとんどの初等関数に広がる。ここで，諸科学で使われる微分方程式や，大学で学ぶ解析学の下地が完成することになる。

9.1.2 中学生の認識

中学生の関数についての認識は，文部科学省，国立教育政策研究所の全国学力・学習状況調査の結果からその現状と問題点を知ることができる。平成 29 年度における関数関連の問題とその結果は次の表のようになっている。

表 9.1 学力調査　問題と結果（2017）

	問題の趣旨	正答率
(a)	関数の意味を理解しているかどうかをみる。	21.1
(b)	与えられた比例の式について，x の値に対応する y の値を求めることができるかどうかをみる。	85.0
(c)	与えられた反比例の表において，比例定数の意味を理解しているかどうかをみる。	35.5
(d)	与えられた一次関数のグラフの傾きと切片の値を基に，x と y の関係を $y = ax + b$ の式で表すことができるかどうかをみる。	76.4
(e)	与えられた一次関数の表において，変化の割合の意味を理解しているかどうかをみる。	56.4
(f)	具体的な事象における 2 つの数量の変化や対応を，グラフから読み取ることができるかどうかをみる。	68.1
(g)	二元一次方程式を関数を表す表とみて，そのグラフの傾きと切片の意味を理解しているかどうかをみる。	63.4

この中で，突出して出来が悪いのは（a）である。この問題は次のような問題である。

（問題）　縦と横の長さの和が 20cm の長方形について「縦の長さを決めるとそれにともなって面積がただ一つ決まる」という関係があります。

下線部を，次のように表すとき，①と②に当てはまる言葉を書きなさい。

$$\boxed{\quad ① \quad は \quad ② \quad の関数である。}$$

この学力調査では，その後に配置されている計算が必要な関数の問題は正答率が高い。このことは計算だけできて，その概念のもつ根本的な意味が分からないという生徒の現状の問題点を端的に表している。平成 26 年にも，与えられた表から宅配サービスの重量と料金の関係を，「…は…の関数である」という形で表現する問題が出題されている。正答率は 36.7%と関数の問題の中でも極めて低く，関数関係の意味理解に大きな問題があることが指摘されている。しかし，3年後にも改善がみられていないことになる。

学習指導に当たっては，事象の中にある 2 つの数量の変化や対応の様子を調べ，それらの関係を見いだす活動を通して，関数の意味を理解できるように指導することが大切である。その際，独立変数と従属変数との違いを意識させることが大切なのは言うまでもない。

独立変数と従属変数を意識したら，「…は…の関数である」という形で表現できるように指導することをしなくてはならないが，「である」というだけでは深い理解につながらない。深い理解をするためには，数と数の対応だけでなく実生活で観察される変化していくものとの対応や，数と数の対応の中で「…は…の関数ではない」といった例も意識させる必要があるだろう。対話場面を設けて，様々な例を生徒から挙げさせるとよい。

9.1.3　高校生の認識

高校では，小中学校における全国学力・学習状況調査のような大規模で公的な調査が存在しない。高校生の数学に関する資料として，平成 27 年 12 月 17 日の中央教育審議会教育課程部会算数・数学ワーキンググループの算数・数学に関する資料がある。そこには高等学校の数学教育の現状と課題としていくつかの資料が掲載されている。その中に，高等学校の数学の各科目の履修率がある。平成 28 年度では，数学 I が必修科目である一方で，数学Ⅲの履修率は 21%に留まった。高校までのカリキュラムが，解析学に向かって作られているにもかかわらず，高校生の約 8 割がその完成を見ずに，途中で終わってしまっている現状は残念であると言わざるを得ない。

数学Ⅲが高校生に敬遠されるのは，大学入試で必要としない大学が多くあるこ

とと，また，概念や計算も各段に難しくなることもあるだろう。しかし，現代社
会で真に役に立つのは，将来の予測に使われる微分方程式や統計であり，その基
礎となっている解析学を学ぶ十分な下地ができていないのは大きな問題である。

　一方，数学Ⅲまで履修し理科系の大学に進学した学生の，高校数学の状況はど
うなっているのであろうか？

　比較的大規模な調査研究に，東京理科大学数学教育研究所が実施している理
数系高校生のための数学基礎学力調査がある。それは，2005 年より毎年行われ，
約 100 校の高等学校に在籍する約一万人の理系進学希望者に対して実施される
調査である。調査対象は，数学Ⅲを現在履修している生徒で，調査時期は高校 3
年の 9 月下旬から 10 月上旬である。

　そこでは，正答率だけでなく，生徒が解答後にその回答に対する自信の程度を，
a. 自信あり，b. あまり自信なし，c. 全く自信なしの中から選択することにより
自信率を求めている。また，問題作成・問題評価委員による各問題の予想正答率（期
待正答率）と，実施校の数学担当者に実施クラスの実態を踏まえた予想正答率か
ら「教師評価」も求めている。

　2014 年の調査報告書（東京理科大学数学教育研究所 2015）では以下の問題が
取り上げられている。

　（**背理法の問題**）有理数 a, b について，$a + b\sqrt{2} = 0$ ならば $a = b = 0$ である
ことを証明しなさい。ただし，$\sqrt{2}$ が無理数であることを使ってもよい。

　この問題の 2013 年と 2014 年の評価が出ており以下のような結果である。

表 9.2 学力調査　背理法の問題

年度	正答率	自信率	誤答率	無答率	期待正答率	教師評価
14	20.4	7.9	49.9	29.7	70	33.1
13	8.0	4.3	66.1	25.9	70	30.9

　これは，有理数が四則について閉じていることを既知として，無理数が有理数
となる矛盾を記述する問題で，計算の技術はほとんど必要ない。この問題は出題
者側の期待正答率 70% に対して正答率は 2014 年で 20%，2013 年で 8% でしか
ない。2014 年の問題の中で単純な不定積分の計算の正答 86.4%，自信率 60.8%

と比較すると，きわめて出来が悪いと言わざるを得ない。この調査報告書が指摘
しているのは，「最近の風潮として数学の活用が強調され，証明に関する学習が
すこし疎かになっている」ということであるが，この風潮は現在でも続いている
ように思われる。現代の数学の本質といえるのは，計算ではなく命題の証明にあ
るということは大学の数学を学んだ人は了解されることであろう。背理法的な考
え方や表現法は，数学だけでなく広く日常でも使われるものである。教材の研究
と開発を疎かにしないよう心がけたいものである。

　2019 年の調査報告書（東京理科大学数学教育研究所 2020）にある次の問題に
も着目したい。

　（対数の問題）x, y は正の実数で，$y = 4x^3$ とします。$\log y$ を x 座標，$\log x$ を
y 座標とする点の集合はつぎのどれになりますか。

　（ア）1 点（イ）3 次関数（ウ）放物線（エ）直線（オ）指数関数の表す直線

　この問題は第 1 回の調査から使われ続けている問題で，その正答率をいくつ
か抜き出すと以下のようになっている。

表 9.3 学力調査　対数の問題

年度	正答率	自信率	誤答率	無答率	期待正答率	教師評価
19	32.2	10.7	66.5	1.3	60	34.2
15	29.1	9.2	68.6	2.3	60	37.7
11	26.1	7.4	71.4	2.5	60	42
05	36.4	14.4	60.0	3.6	60	46

　2005 年と 2011 年のデータは報告書（東京理科大学数学教育研究所 2012）に
よっている。2019 年の報告書でも 2011 年の報告書でも，この問題が選択式の問
題のなかでは最も正答率の低い問題として言及されている。この問題は，15 年
間にわたって正答率は 30% 前後，誤答率は 60% 前後でその間に教育課程の改訂
があったが，それにもかかわらず正答率，誤答率に大きな変化がない。

　調査報告書では，「式の両辺の対数をとり，式を処理していくことに慣れてい
ない」ということがその原因として挙げられている。その他に考えられることと
して，高校で使われる問題集ではあまり見かけないタイプの問題であることが，
正答率の低い原因の一つであろう。両辺の対数をとらなくても，表計算ソフトを

利用して数値とグラフを見れば正解が（エ）であることはすぐにわかる。

2018 年の報告書（東京理科大学数学教育研究所 2019）にある次の問題も触れておきたい。

（面積の問題） $\int f(x)dx = F(x)$ のとき，$\int_a^b f(x)dx = F(b) - F(a)$ です。区間 $[a,b]$ で $f(x) \geqq 0$ のとき，$y = f(x)$ のグラフ，x 軸，直線 $x = a$，直線 $x = b$ で囲まれる部分の面積が $\int_a^b f(x)\,dx$ であることを証明しなさい。

この問題の正答率等は以下のようになっている。

表 9.4 学力調査　面積の問題

年度	正答率	自信率	誤答率	無答率	期待正答率	教師評価
18	0.9	0.3	63.2	35.9	50	18.0
19	3.9	0.6	55.2	40.9	50	20.3

この問題については，関数 $f(x)$ に必要な条件が書かれていない。しかし $f(x)$ が連続であるということが暗黙裡に仮定されていることが，報告書の解答例でわかる。曲線で囲まれた図形の面積も様々な議論の余地があるが，この問題は高校の教科書では，それが明示的でなかったとしても必ず書かれていることである。それを明確にして証明として再現できるかが問われているともいえる。この正答率・自信率ともほぼ 0 に近い。教師評価も，期待正答率よりかなり低く，高校の授業でもきちんと教えられている内容とは言い難いかもしれない。この件については 2 節で詳しく扱いたい。

東京理科大学数学教育研究所の調査は，大規模であるが問題の種類が限られている。その調査ほど大規模ではないが，それを補足するものとして富山医科薬科大学が学生に行なった調査（笹野ら 2004）がある。

そこでは，医学部，薬学部それぞれの学生が，数学 I から数学 III までの項目について，① 履修していない，②履修したが，よく理解しているとは言えない，③ 履修し，かつよく理解している，の 3 段階で回答している。解析として注目すべき結果は次の表のようになる。

表 9.5 学生への調査

	医学部			薬学部		
	①	②	③	①	②	③
必要十分条件	0.6	27.2	72.2	0.9	49.1	50.0
かつ・または・否定 逆・裏・対偶	2.2	42.8	55.0	1.4	56.2	42.4
逆関数	2.2	22.2	75.6	1.8	41.9	56.2
合成関数	2.2	21.7	76.1	1.4	43.8	54.8
連続関数	5.6	17.2	77.2	1.9	47.2	50.9
近似式	15.0	39.4	45.6	18.9	62.2	18.9
区分求積法	2.8	16.8	80.4	4.1	50.2	45.6
体積，道のり	5.0	16.7	78.3	3.2	51.6	45.2

　ここでは，通常高校 1 年で学ぶ数と式の論理は，履修していないという学生は
ほとんどいないが，よく理解しているとは言えない，と答えた学生が医学部 42.8
％，薬学部 56.2 ％となっており，どちらも約半数が自信がないということにな
る。また，標準的には高校 3 年生で学習する数学Ⅲにおいて逆関数，合成関数，
連続関数が医学部は 5 人に 1 人，薬学部は約半数が自信がないということになる。
微分のグラフの凹凸はどちらの学部もおよそ 9 割，不定積分に関しては医学部が
およそ 9 割，薬学部がおよそ 8 割が③を選んでいることを考えると，計算はでき
るが概念そのものには自信がないということになるであろう。

9.2 背景となる数学

9.2.1 関数と極限の概念について

　大学の数学と中・高等学校の教育内容の間の隔たりが最も大きく感じられるの
は関数と極限の概念であろう。ここでは，その隔たりを埋める第一歩として，そ
の歴史的経緯を見ていこう。

　極限や微分・積分の概念や記号法が現在使われている形になったのは，コー
シーの業績であるといわれている。小堀（1969）による解説によると，関数の
概念については，18 世紀のオイラーは，「定数と変数で組み立てられた解析的式
を，その変数の関数という」と定義している。それ以前にも関数という言葉はあっ

たが，定義を与えられないで使われてきた。しかし，オイラーの解析的式は例示されているだけで，明確に定義されているわけではない。オイラーにとっては，「関数すなわち式」であった。一方，コーシーでは，「解析学講義」の中に「変数の間に，それの一つの値が与えられると，もう一つの変数の値が対応する，といった関係があるとき，先の変数を独立変数と呼び，あとの変数をそれの関数という」と書いてある。これは，ほぼ現代の形になっている。しかし，コーシー自身はその定義の重要性に気付かず，「関数すなわち式」という考えがこびりついていたようである。現在の中学生・高校生の認識に近いかも知れない。

「式で表されない関数」を考えるには 19 世紀のディリクレの業績を待たなくてはならない。関数については，その後も数多くの議論がなされてきた。岡本ら（2014）には，関数の定義の変遷がまとめられていて便利である。20 世紀になってからの関数概念については，Kleiner（1989）にまとめられている。

極限の概念の把握も，18 世紀までは困難なもののようであった。「h が限りなく 0 に近づく」ということと，「h は 0 である」ということの区別はつかなかったと思われる部分がある。これを受け継いだ 19 世紀のコーシーは，曖昧であると思われている概念をはっきりさせて，完全なものにしようと企て，手始めとして「限りなく小さい」という概念をはっきりさせることから始めた。そして，「一つの変数の絶対値が限りなく減少し，どのような値を与えてもそれよりも小さくなる」というときには，この変数は，「限りなく小さい量」であるであるとか，あるいは，「無限小」であるとかいうと定義した。

記号を用いて表せば，正の数 ε を任意に与える。これがどのように小さな値であろうとも，いつでも $|h| < \varepsilon$ が成り立つというとき h は無限小であるという。こうすることで，$h \to 0$ を明確にすることができる。同様に，正の数 ε を任意に与える。これがどのように大きな値であろうとも，いつでも $x > \varepsilon$ が成り立つというとき x は無限大であるといい $x \to \infty$ と書くことにする。これによって，$n \to \infty$ のとき $\dfrac{1}{n} \to 0$ であることを示すことができる。

9.2.2 関数の連続性・微分可能性について

(a) 連続性について

　高等学校の教科書では関数の連続性について次のように取り扱っている。区間 I 上の関数 $f(x)$ が $a \in I$ で連続であるとは，$\lim_{x \to a} f(x) = f(a)$ が成り立つことであると定義され，この後，区間 I 上のすべての x で連続であるとき，$f(x)$ は I で連続であるとする。ここで，疑問になるのは，1点だけ不連続である関数は教科書にも例が載っているが，いたるところ連続でない関数はあるのだろうかということである。この疑問への答えとして，ディリクレの関数 $d(x)$ がよく知られている。全ての実数を定義域とし，x が有理数のとき $d(x) = 1$，x が無理数のとき $d(x) = 0$ で定義する。このとき，$d(x)$ はすべての $x \in I$ で不連続である。不連続であることの証明は ε - δ を用いた極限の定義が必要であるが，直観的に明らかであろう。また，この関数は有限個の点しか表示できないコンピュータで表示しようとすれば不可能であり，人間の思考の中にのみ考えられる関数である。ディリクレの関数は $d(x) = \lim_{n \to \infty} \lim_{k \to \infty} \cos 2k(n! \pi x)$ と一つの式で表すことができる。

　また，高木（2010），小平（1991）は以下のような興味深い例を与えている。$I = (0,1)$ として，I 上の関数 $k_1(x)$ を次のように定義する：

　　x が有理数のとき，$x = \dfrac{q}{p}$ $(p, q$ は互いに素$)$ とあらわすことができ，このとき $k_1(x) = \dfrac{1}{p}$，x が無理数のときは $k_1(x) = 0$

このの $k_1(x)$ はすべての有理数で不連続，すべての無理数で連続である。このことの証明は次のように行う。x が有理数のとき，いくらでも近くに無理数があることから不連続であることが示される。x が無理数であるとき，任意の $\varepsilon > 0$ に対して，$p \leq \dfrac{1}{\varepsilon}$ となる既約分数 $\dfrac{q}{p}$ は有限個しかないから正の実数 δ を開区間 $(x - \delta,\ x + \delta)$ のなかに既約分数 $\dfrac{q}{p}$ を一つも含まないように選ぶことができる。このことを利用すると，無理数 x で連続であることが示される。

　ディリクレの関数 $d(x)$ を利用すると，1点だけ連続である関数を定義することができる。$f_1(x) = xd(x)$ とすると，$|f_1(x)| = |xd(x)| \leq |x|$ であり，x が有理数であっても無理数であっても $\lim_{x \to 0} f_1(x) = 0 = f(0)$ であるから，$f_1(x)$

は $x = 0$ で連続である。また $x \neq 0$ では不連続である。

(b) 微分可能性について

微分可能性についても同様のことがいえる。区間 I 上の関数 $f(x)$ について，$a \in I$ で極限値 $\lim\limits_{h \to 0} \frac{f(a+h) - f(a)}{h}$ が存在するとき $f(x)$ は $x = a$ で微分可能といい $\lim\limits_{h \to 0} \frac{f(a+h) - f(a)}{h} = f'(a)$ とかくことはどのような教科書でも共通であろう。連続性との関係では，関数 $f(x)$ が $x = a$ で微分可能ならば $x = a$ で連続であるということも必ず教科書で扱っていることである。ここでの定義も，1点での定義であり，いたるところ連続であって微分可能でない関数や1点のみ連続である関数などの実例が知りたいところである。

いたるところ連続で微分不可能な微分関数はワイエルシュトラスの関数 $W(x)$ が有名である。その定義を紹介しよう。すべての実数 x を定義域とし，$0 < a < 1$ で b は正の奇数 $\frac{2}{3} > \frac{\pi}{(ab-1)}$ として

$$W(x) = \sum_{n=1}^{\infty} a^n \cos(b^n \pi x)$$

とする。例えば $W(x) = \sum\limits_{n=1}^{\infty} \frac{\cos(13^n \pi x)}{2^n}$ などである。$W(x)$ が連続関数であることは，収束する優級数を持つ連続関数項の級数の和が連続であることから証明できる。$W(x)$ がすべての実数に対して微分可能でないことを示すのは容易ではない。日本語では藤原（2000）にワイエルシュトラスの証明が紹介されている。一松（1971）は関数 $\sum\limits_{n=1}^{\infty} \frac{\sin 2^{1+2+\cdots+n} nx}{2^n}$ を紹介しこれが連続でいたるところ微分できないことを証明している。

小平（1991）は以下のような，微分不可能である点が無数にあり，微分可能である点も無数に関数 $k_2(x)$ の例と証明を載せている；

x が有理数のとき，$x = \frac{q}{p}$（p, q は互いに素）とあらわすことができ，このとき $k_2(x) = \frac{1}{p}$，x が無理数のときは $k_2(x) = 0$。

この $k_2(x)$ はすべての有理数で不連続であるので，微分不可能である。また，すべての無理数で連続であり，$\alpha = \frac{b\sqrt{2}}{a}$（$a, b$ は自然数）とすると，$k_2(x)$ は $x = \alpha$ で微分可能である。

高木（2010）にある以下の例もよく知られている。$I = (0, 1)$ として $x \in I$ に対して，$0 < x \leq \frac{1}{2}$ のとき $\varphi_1(x) = 2x$，$\frac{1}{2} < x < 1$ のとき $\varphi_1(x) = 2(1-x)$ として

帰納法的に $\varphi_n(x) = \varphi_{n-1}(\varphi_1(x))$ とする。ここで

$$T(x) = \sum_{n=1}^{\infty} \frac{\varphi_n(x)}{2^n}$$

とすると，$T(x)$ はすべての $x \in I$ に対して連続で微分不可能である。

これらを利用してその他の気になる関数の例を紹介しよう。

ディリクレの関数 $d(x)$ を利用して，$f_2(x) = x^2 d(x)$ とすると，$f_2(x)$ は1点でだけ連続で，1点でだけ微分可能である。

ワイエルシュトラスの関数や高木の関数を利用すると，いたるところ連続であるが1点以外は微分可能でない関数も作ることができる。例えば，$W(x)$ をワイエルシュトラスの関数として，$f_3(x) = xW(x)$ とすると $x = 0$ で微分可能である。また，$x \ne 0$ では $f_3(x)$ は微分不可能である。

ワイエルシュトラスの関数や高木の関数は病的な関数といわれてきたが，1980年になってからフラクタルの典型例としてその重要性が指摘されている（一松1989）。その他の関数も，それを考察することで連続性や微分可能性の理解は深められるであろう。

9.2.3　三角関数と極限について

(a) 循環論法

高校の関数の極限でしばしば問題にされるのは，極限 $\lim_{x \to 0} \dfrac{\sin x}{x} = 1$ とその証明である。幾何学的には半径1の円の弧の長さ x が0に近づくとき，円弧の長さ x と正弦 $\sin x$ の比が1に近づくということである。

高校の教科書では弧の長さは小学校で学んだこととして，弧度法を直感的に導入し正弦・正接との比較で右のような図を利用して次のように示している。

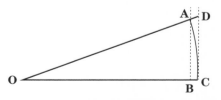

図9.2　△ OAB ＜扇形 OAC ＜△ OCD

OA = 1とすると，弧 AC = θ とおいて，

右の図で△ OAB＜扇形 OAC＜△ OCD，すなわち $0 < \sin \theta < \theta < \tan \theta$ となる。

ここで，$\tan \theta = \dfrac{\sin \theta}{\cos \theta}$ であるから $\cos \theta < \dfrac{\sin \theta}{\theta} < 1$ が得られる。ここで $\theta \to 0$ とすると，$\cos \theta \to 1$ であるから，はさみうちにより $\dfrac{\sin \theta}{\theta} \to 1$ が得られる。しかし，ここでは扇形の面積をどのように定めるのか不明確である。通常面積は積分で定められ，積分には三角関数の極限が用いられる。

　ここで，角は弧度法で表されるものとしている。このとき，面積の大小関係は本質的には弧の長さの関係「線分 AB＜弧 AC＜線分 CD」と同じことになる。ここでも，弧の長さ AC はどのように定めるのか不明確で，数学Ⅲで定義する積分を用いた弧の長さで定めるとすると，三角関数の微分の公式が必要である。

　これは $\lim\limits_{\theta \to 0} \dfrac{\sin \theta}{\theta} = 1$ を用いているので，循環論法になっている。杉浦（1980）は次のように述べている。

「例えば三角函数は通常幾何学的に定義されるが，解析学で扱うためには，どうしても一度

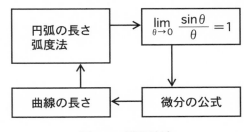

図 9.3　循環論法

は解析的にそれを捉えなければならない。（中略）円弧の長さがどのようにして定義されるのかをはっきりさせなければ，数学的な証明とは言い難い。」

　ここでは，その論理の循環を回避する 2 つの方法を紹介する。

　一つは杉浦（1980）による級数を利用する解析的方法といわれるべきものであり，もう一つは斎藤（2013）による円弧の長さ（逆三角関数）を定義し，そのあと三角関数に至る方法である。

(b) 解析的方法

　ここでは，複素数 C の範囲で関数を考え，$z \in C$ に対して，無限級数で表される関数：

$$e(z) = \sum_{n=1}^{\infty} \frac{1}{n!} z^n,\ c(z) = \sum_{n=1}^{\infty} \frac{1}{(2n)!} z^{2n},\ s(z) = \sum_{n=1}^{\infty} \frac{1}{(2n+1)!} z^{2n+1}$$

を考えよう。これらの収束半径は∞であり，すべての $z \in C$ で絶対収束する。明らかに，$e(0) = 1, c(0) = 1, s(0) = 0$ であり $\lim\limits_{z \to 0} \dfrac{s(z)}{z} = 1$ である。

　収束半径が∞であるので，これらはすべての $z \in C$ で項別微分可能であるこ

とから,
$$e'(z) = e(z), c'(z) = -s(z), s'(z) = c(z)$$
となる。また, $e(z_1 + z_2) = e(z_1) \cdot e(z_2)$ が成り立つことを示すことができる。

ここで, $e(iz) = c(z) + is(z), e(-iz) = c(z) - is(z)$ より
$$c^2(z) + s^2(z) = 1$$
が成り立ち, 加法定理
$$c(z_1 + z_2) = c(z_1)c(z_2) - s(z_1)s(z_2),$$
$$s(z_1 + z_2) = s(z_1)c(z_2) + c(z_1)s(z_2)$$
も得られる。ここで, c, s の定義域を実数 R に制限し, $0 \leqq x \leqq 2$ で $c(x), s(x)$ を考える。このとき, 係数がすべて実数だから $c(x) \in R, s(x) \in R$ である。

$c(2) < 0, c(0) > 0$ が得られるので, 中間値の定理により, $c(\alpha) = 0$ となる実数 $0 < \alpha < 2$ が存在する。ここで $0 < x < 2$ のとき $c'(x) = -s(x) < 0$ であるから, 平均値の定理より $c(x)$ は狭義単調減少で, このような α はただ一つである。$c(\alpha) = 0$ より, $s(\alpha) = 1$ である。また, 加法定理を利用すれば, $z \in C$ に対して, $s(z + \alpha) = c(z), c(z + \alpha) = -s(z)$ が得られ, これを繰り返すことで周期性
$$s(z + 4\alpha) = s(z), c(z + 4\alpha) = c(z)$$
も得られる。2α を π とかき, 円周率という。

ここで, 写像 $\varphi(t) = (c(t), s(t))$ を考えると, これは区間 $[0, \pi]$ から半円 $C_+ = \{(x, y) \mid x^2 + y^2 = 1, y \geq 0\}$ への全単射である。これで, ここで扱ってきた関数 $c(t), s(t)$ が単位円周上の点としての, $(\cos(t), \sin(t))$ となることが了解されるであろう。ここまで来れば, 数学Ⅲの曲線の長さの公式で半円周の長さが π となることも, 循環論法を避けて示すことができる。

ここまでの流れを振り返ってみよう。基礎となるのは, 数列の収束から級数の絶対収束, そこから来る項別微分の定理である。それをもとに級数で関数を定義し, その関数の性質を調べている。その結果を用いて現実的な図形との関連を示している。

このように, 一般から特殊へという数学的にすっきりとした流れとなっている。そこでは, 中間値の定理や平均値の定理などの高校数学で紹介される（だけ）の定理が大きな役割を果たしている。

(c) 円弧の長さを決める方法

　円弧の長さを明確にすることで，三角関数に向かう方法も考えられる。

　原点を中心とした単位円上の点の集合の第1象限の部分を考えよう。

　右の図で $A(0,1)$，$P(t, \sqrt{1-t^2})$

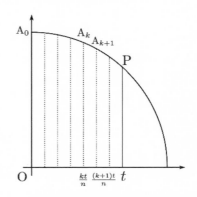

$(0 < t \le 1)$ として，閉区間 $[0, t]$ を
n 等分し，それに対応する円周上の点を
$k = 0, 1, 2, \cdots n$ に対し A_k とする。すなわち，
$A_k\left(\frac{k}{n}, \sqrt{1-\left(\frac{k}{n}\right)^2}\right)$ である。ここで，
線分 $A_k A_{k+1}$ の和を l_n とする。すなわち
$l_n = \sum_{k=0}^{n=1} A_k A_{k+1}$ である。l_n は有界な単調
増加列となる。有界な単調増加列は収束
するから，その極限を $\alpha(t)$ とおくこと
ができる。$\alpha(0) = 0$ とすると $\alpha(t)$ は

図 9.4 円周を折れ線で近似

$[0, 1]$ で定義された狭義単調増加関数である。ここで，$\alpha(1) = \frac{\pi}{2}$ と定める。実際，区分求積法により，$\alpha(t) = \int_0^t \frac{1}{\sqrt{1-x^2}} dx$ となる。ここで，定積分が出てくるが，ここまでで三角関数に関する事柄はまだ登場してきていないことに注意しよう。また，置換積分により，$\int_0^{\sqrt{1-t^2}} \frac{1}{\sqrt{1-x^2}} dx = \int_t^1 \frac{1}{\sqrt{1-x^2}} dx$ であるから，$\alpha(t) + \alpha(\sqrt{1-t^2})$ $= \frac{\pi}{2}$ が成り立つ。

　$t = \frac{\sqrt{2}}{2}$ とすると $\alpha\left(\frac{\sqrt{2}}{2}\right) = \frac{\pi}{4}$ となる。$t = \frac{\sqrt{2}}{2}$ とする $\alpha\left(\frac{\sqrt{2}}{2}\right) = \frac{\pi}{4}$ となる。

ここで，$\alpha(-t) = -\alpha(t)$ によって定義域を $[-1, 1]$ に拡張することができる。次に，区間 $\left[-\frac{\pi}{2}, \frac{\pi}{2}\right]$ で定義される $\alpha(t)$ の逆関数を $s(\alpha)$ とおく。

$$\lim_{t \to 0} \frac{\alpha(t)}{t} = \lim_{t \to 0} \frac{1}{t} \int_0^t \frac{1}{\sqrt{1-x^2}} dx = \lim_{t \to 0} \frac{1}{\sqrt{1-t^2}} = 1 \text{ であるから}$$

$$\lim_{a \to 0} \frac{s(\alpha)}{\alpha} = \lim_{t \to 0} \frac{s(\alpha(t))}{\alpha(t)} = 1$$

が得られる。ここまで来たら，$s(\alpha)$ をすべての実数に拡張すること（これを $\sin x$ と定義しよう。）が残っているが，それとともに，その後の理論的展開の方法については斎藤（2013）を参照されたい。

この方法を振り返ってみよう。まず，具体的な図形（円）があり，線分の和の極限として，円弧の長さを定義する。ここでは，閉区間を n 等分したが，等分としなくてもよい。極限の存在は有界単調増加列の極限の存在（実数の定義）で保証される。その極限は，代数関数の積分で定められる関数として表される。これが，弧度法で表された角（弧度）であり，

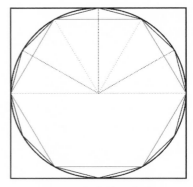

図 9.5 小学校の方法

その逆関数として正弦関数が定義される。この流れは，直観的な図形から入っており理解しやすい。実際，小学校の教科書も図 9.5 のような円に内接・外接する多角形を利用し，その辺の長さの和を考え，6 角形，12 角形と角を増やし円に近づけて円周率を求めている。また，円に外接する四角形を考えて，有界性を保証している。高校の教科書でも，明示されてはいないが円弧の長さの定義は小学校からのものの延長で考えるということであろう。

このような古来から行われてきた素朴な方法，小学校から馴染んできた方法を数学としてきちんと書くと極限や積分の記号が必要になってくる。弧度法には，逆三角関数の概念が暗黙裡に存在しているとすると，多くの高校生が分かりにくく感じるもの当然といえるだろう。

9.2.4 不定積分について

高校の数学と大学の数学の間にある大きなギャップの一つは積分の扱いであろう。まず，高校での積分の流れを概観してみよう。

高等学校での積分が初めて出てくるのは標準的には高校 2 年生で，このことはカリキュラムの変更があっても現在まで変わっていない。そこで扱う関数は多項式なので微分可能性や連続性は暗黙の裡に仮定されている。数学Ⅲでは扱う関数の範囲は広がるが，関数の条件について明示されていないものがほとんどである。

原始関数について多くの教科書の表現は以下のようになっている。

関数 $f(x)$ にたいして $F'(x) = f(x)$ である関数 $F(x)$ を $f(x)$ の原始関数であるという。

ここで、原始関数の定義域を考察してみよう。定義域は閉区間と考えるのが大学での積分論を考えると普通であろう。ただし、$f_1(x) = 1/x$ などで不都合が生じることには留意したい。$f_1(x)$ の原始関数を $F_1(x)$ とすると、$x>0$ のとき $F_1(x) = \log x$, $x<0$ のとき $F_1(x) = \log(-x)$ であり、まとめると $F_1(x) = \log|x|$ である。2つの区間に分けて考えるより、絶対値を用いてまとめた方が簡便である。ここでの定義域は $\{x \mid x \neq 0\}$ である。高校で扱う関数は、特に指定のない場合はその定義域は関数が定義される範囲で考えるというのが基本である。

原始関数を定義してから不定積分の定義に入る。関数 $f(x)$ の1つの原始関数を $F(x)$ とするとき、$f(x)$ の任意の原始関数は定数 C を用いて $F(x) + C$ の形で表せる。これを不定積分といい、記号 $\int f(x)\,dx$ で表す。すなわち

$$\int f(x)\,dx = F(x) + C$$

である。ここで問題になるのは積分定数 C の扱いである。このような文字の扱いについて生徒はこれまでほとんど経験していない。生徒からしばしば寄せられる疑問は以下のようなものがある。

1. $\int f(x)\,dx = F(x) + C$, $\int g(x)\,dx = G(x) + C$ とするとき $\int (f(x) + g(x))\,dx$ は通常 $F(x) + G(x) + C$ とかき $F(x) + G(x) + 2C$ としないのはおかしい。

2. $\int 3(x+1)^2\,dx$ の計算をする際に、展開して計算すると
   $\int 3(x+1)^2\,dx = \int (3x^2 + 6x + 3)\,dx = x^3 + 3x^2 + 3x + C$ となる。
   展開せずに計算すると $\int 3(x+1)^2\,dx = (x+1)^3 + C$
   ここで、等号の性質より $x^3 + 3x^2 + 3x + C = (x+1)^3 + C$
   $(x+1)^3$ を展開して整理すると $0 = 1$ となり矛盾である。

このように、$C + C = C$, $C - C = C$ となるような計算に抵抗感を感じる生徒も少なくない。明示されていなくても任意定数である積分定数の扱い方については丁寧に説明する必要があることに留意すべきである。

厳密な数学としては以下のように考えるとよい。

2つの微分可能な関数に「微分すると同じ関数になる」という関係を定義すると、この関係は同値関係であるので同値類を定めることができる。その同値類を

不定積分と考える。

　このように考えると，不定積分は集合を表すこととなり，等号も集合の等号であるから問題ないということになる。もちろんこれをそのままで高校生に指導するのは不適切であるが，指導者としてはふまえておいてよいことであろう。

　定積分の定義は「$f(x)$ をある区間で連続な関数とし，その原始関数1つを $F(x)$ とする。その区間内の2つの実数 a,b に対して $F(b) - F(a)$ を関数 $f(x)$ の a から b までの定積分といい $\int_a^b f(x)\,dx$ で表す」ということになる。

　ここでは，ある区間で連続であるということと a,b がその区間内の点であることが明記されている。

　注意すべきは関数がその区間内で定義されていなければならないということである。それを無視すると，$\int_{-1}^1 1/x^2\,dx = [-1/x]_{-1}^1 = -2$ などのようにおかしな計算をすることになる。この定義により，定積分の重要な性質

$$\int_a^b f(x)\,dx = \int_a^c f(x)\,dx + \int_c^b f(x)\,dx$$

などを示すことができる。

　また，定積分で表された関数 $F_2(x) = \int_a^x f(x)\,dx$ を考える。$F_2(x)$ は $f(x)$ の原始関数の一つなので $F_2{}'(x) = f(x)$ となる。$a \le x \le b$ で $f(x) \ge 0$ であるとき，$F_2(a) = 0$ と $F_2(x)$ が単調増加であることより，$x \ge a$ のとき $F_2 \ge 0$ である。このことから区間 $[a,b]$ で $f(x) \le g(x)$ のとき $\int_a^b f(x)\,dx \le \int_a^b g(x)\,dx$ であることを示すことができる。

　さて，最後に面積である。関数 $y = f(x)$ と x 軸，y 軸に平行な2直線で囲まれた図形の面積が定積分で表されることの証明（説明）は現行のカリキュラムでは数学 II でなされている。そこでは，$f(x)$ が多項式であるから，連続性・微分可能性など気にする必要はない。しかし，数学 III になるとその点が問題になる。定積分の対象が連続関数であるから，ここでも $f(x)$ が連続関数であることは前提とされていると理解すべきである。ここで，前節の学力調査の面積の問題の解答例は次のようになるだろう。

[解答例]　区間 $[a,x]$ における面積 $S(x)$，x の微小な変化量 Δx に対応する $S(x)$ の変化量を ΔS とする。（$\Delta S = S(x + \Delta x) - S(x)$ である。）$f(x)$ は区間 $[x, x + \Delta x]$ で連続であるので最大値 M と最小値 m が存在する。

ここで，$m \varDelta x \leqq \varDelta S \leqq M \varDelta x$ であるから $m \leqq \varDelta S / \varDelta x \leqq M$ がなりたつ。

この式において $\varDelta x \to 0$ とすると $m \to f(x), \varDelta S / \varDelta x \to S'(x), M \to f(x)$ であるので $S'(x) = f(x)$，よって，$S(x) = \int f(x)\,dx = F(x) + C$（$C$ は積分定数）。

ここで $S(a) = F(a) + C = 0$ より $C = -F(a)$，よって $S(x) = F(x) - F(a)$。したがって求める面積は $S(b) = F(b) - F(a) = \displaystyle\int_a^b f(x)\,dx$

高校の教科書では，具体的な 2 次関数で最大値 M と最小値 m を求めているもの（大矢ら 2017）や $S(x + \varDelta x) - S(x) = f(c)\varDelta x, (x < c < x + \varDelta x)$ の成立を図で説明しているもの（長谷川ら 2017）など様々なものがあるが，上記の証明と本質的に同じである。数学 II では扱われる関数が多項式であるので，連続性については仮定されていると考えてよい。

次に，大学での標準的な積分の導入について概観してみよう。

関数 f の定義域に含まれる区間 $I = [a, b]$ を細分して，長方形の面積の和をつくる。細分を細かくしたときの和の極限 J が存在するとき，f は I 上で可積分（リーマン積分可能）といい，$J = \displaystyle\int_I f(x)\,dx \;(= \int_a^b f(x)\,dx)$ とかく。$f(x) \geqq 0$ のとき，曲線 $y = f(x)$，x 軸，直線 $x = a$，直線 $x = b$ で囲まれた図形の面積とは J のことである。この定義の下で，定積分の基本的性質が示されることになる。

関数 f がどのような条件のとき可積分であるかがも問題となる。閉区間上の連続関数や連続でなくても閉区間上の単調関数は可積分であることは多くの解析学の教科書に載っていることである。

高校の数学では原始関数と不定積分はほぼ同じものを指している。教科書・参考書によっては同じと書かれているものもある。しかし，大学ではその定義と扱い方は様々であり統一されていない。以下で，その代表的なものを紹介しよう。

f が I 上可積分であるとき a を固定 x を $a < x < b$ の範囲の変数と見るとき関数 $F(x) = \displaystyle\int_a^x f(t)\,dt$ を $f(x)$ の不定積分という。

（例）$I = [0, 2]$ として $f(x) = \begin{cases} 1 \, (0 \leq x \leq 1) \\ 2 \, (1 < x \leq 2) \end{cases}$ とすると，$f(x)$ の不定積分 $F(x)$ は $F(x) = \begin{cases} 1 \, (0 \leq x \leq 1) \\ 2x - 1 \, (1 < x \leq 2) \end{cases}$ となる。

閉区間 I において $F(x)$ は連続であるが，$x = 1$ において $F'(x)$ は存在しない。さて，閉区間 I において $F'(x) = f(x)$ が成り立つとき，I 上の $f(x)$ の原始関数

ということにすると，$F(x)$ は I 上の $f(x)$ の原始関数ではない。

しかし，リーマン積分の立場では，上の例のように不定積分が存在しても原始関数が存在しないということがありうる。そこで，どのような時に不定積分が原始関数になるのかということが微分積分学における最も基本的な問題となる。それを明らかにするために，積分の平均値の定理にも言及しておきたい。

（積分の平均値の定理） 区間 $[a,b]$ で連続な関数 $f(x)$ について
$$\int_a^b f(x)\,dx = (b-a)f(c)$$
となる c $(a<c<b)$ が存在する。

この定理の証明は，区間 $[a,b]$ で $f(x)$ は連続であるので最大値 M と最小値 m が存在することと，定積分の大小関係と中間値の定理をつかう。本質的な部分は上述の面積の問題の解答と同じである。

これにより，連続関数では原始関数とリーマン積分での不定積分が一致することが証明されたことになる。

これまでのことをまとめてみよう。

高校では，微分可能性の下で原始関数・不定積分を定義し，そこから定積分を定めそれが面積を表すことを示す。

大学の標準的なリーマン積分の理論では面積から定積分を定義し，そこから不定積分が定められる。連続性の仮定のもと，原始関数と不定積分が一致することが示される。いずれの場合も，その証明の中心にあるのは関数の連続性をもとにした中間値の定理である。

不定積分と面積の関係については，大学でのアプローチと高校でのアプローチが大きく異なる部分であり，高校では 計算中心でその理論は後回しにしてしまうことが多い。しかし，教員はこの違いを踏まえて明快にその理論的な進展を示せるようにしたい。

ところで，数学Ⅲで不定積分，特に置換積分や部分積分を学習すると，すべての関数が何らかの工夫をすればその不定積分を求めることができるように感じられる。例えば
$$\int e^{x^2}\,dx, \quad \int \frac{e^x}{x}\,dx, \quad \int \frac{1}{\log x}\,dx$$

などは，高校生が求めようとして上手くいかないとしばしば疑問に思う不定積分である。これらは，初等関数で表すことができないことがよく知られている不定積分であるが，そのことがきちんと論証されている本はほとんどない。一松（1981，1989）にその概略が載っている程度である。

ここでは，そのもとになった論文（黒河 1927a,b, 1929）からリウヴィルの定理を紹介していきたい。ここで，まず初等関数の概念を明確にしなければならない。大学初年級用のほとんどの教科書に初等関数についての記述はあるのに，初等関数の定義が不明確であるものが多い。また，Web で検索するとその記述が誤っているものもある。ここで，初等関数とは，代数関数（有理関数を含む），三角関数とその逆関数，対数関数と指数関数の和積商とその合成から得られる関数のこととする。

初等関数について詳細に研究したのは，フランスのリウヴィル（リュービル）であり，黒河（1927a, 1927b, 1929）は総合報告の形でその業績を日本に紹介している。次の定理はその特殊な場合である。

（リウヴィルの定理） $f(x)$ と $g(x)$ は有理関数（分子と分母が多項式）で $g(x)$ は定数関数ではないものとする。このとき，不定積分 $\int f(x)\, e^{g(x)} dx$ が初等関数であるための必要十分条件はある有理関数 $R(x)$ が存在して

$$f(x) = R'(x) + R(x)g'(x)$$

が成り立つことである。

この定理を利用すると，n を正の整数とするとき $\int x^{2n} e^{x^2} dx,\ \int \dfrac{e^x}{x}\, dx,$ $\int \dfrac{1}{\log x}\, dx$ などが初等関数でないことを示すことができる。

9.3 授業実践例

9.3.1 中学校の授業実践例

現在の教育課程では，小学校で比例・反比例を学習し，$y = 2 \times x, y = \dfrac{2}{x}$ のような表現の仕方も x, y の文字を使って学んでいる。式で表される x, y の関係については既知であるといってよい。しかし，それは式で表された限定的な関係である。また，変域の発想もない。

中学校で新たに学ぶ概念としては，一般的な関数の概念であり，それは独立変数の集合（定義域）から従属変数の集合（値域）を明確に把握することである。そこで，関数の導入の場面の授業実践例を紹介しよう。

　導入として，ともなって変わる2つの数量の例をなるべく多く考えさせる。そのために，小学校の教科書で扱った例を挙げて考える出発点とする。小学校の教科書では，以下のようなものが挙げられている。

- ・一定の分速で歩く人の歩く時間と道のり
- ・正方形の一辺の長さと面積
- ・直方体の形をした水槽に水を入れる時の時間と水槽の水の深さ
- ・高さ一定の三角形の底辺と面積
- ・影の長さとものの高さ
- ・面積一定の平行四辺形の底辺と高さ
- ・道のり一定の区間を走る自動車の時速とかかる時間

　これらのうちの1つか2つを例として挙げ，ともなって変わる2つの量をいままで学んできたことを振り返らせる。

　展開としてグループワークを行う。

　小学校で学んできたものを含め，ともなって変わる2つの量をなるべく多く挙げる。各グループで出たものを発表させ，その中でなるべく重複の無いように複数個を黒板にかかせる。身近なバスや鉄道の走行距離と運賃など1つの式にできないものが挙がらない場合は，教員のほうでそのようなものがあることを知らせる。

　グループワークの後，「ともなって変わる2つの量 A，B で A が一つ決まると B がただ一つ決まるとき，B は A の関数である」という関数の定義を紹介する。関数関係とは，関係する2つの数量について，一方の値を決めれば他方の値がただ一つ決まるような関係であることを確認する。

　次に一斉授業で，黒板に書いたものが関数であるかどうかを検討する。生徒を指名し，関数であるかどうかの判断とその理由を答えさせる。その度に，「〜は〜の関数である」との表現をし，ノートに記入させる。

　次に，グループワークでこれまでに出てきた関係で関数とは言えないものを挙

げさせる。例がすぐに出るのが困難であると予想されるときは，走行距離と料金の例で料金を一つ決めても走行距離はただ一つに決まらず，これが一つの例となることを知らせることも考えられる。

　グループワークでの結果を発表させ，対応関係を確認させ A は B の関数ではないということとその理由を各グループの代表者に発表させる。

　グループ数と発表内容によっては，これでまとめの時間になるかもしれないが，時間が許すなら，自然数を考えても関数でない対応関係が考えられることを指摘するとよい。例えば，自然数 n に対して，n の約数を考えると，一つの自然数に対して複数の自然数が対応するのでこれは関数とは言えない。しかし，約数の個数や約数の総和は関数となる。素因数分解を中 1 のはじめに学ぶことになったので，それを利用してもよい。例えば，自然数 n に対して，n に対して素因数分解をして得られる 2 の指数なども式で表せない関数となる。しかし，素因数 2 の指数が決まっても，n は一意に定まらないので，その対応は関数とはならない。自然数の桁数も関数であるが逆に桁数を指定しても関数とはならない。しかし，定義域を $\{1, 10, 100, \cdots\}$ とすれば逆の対応も関数となる。このように，定義域と値域を制限すると関数でないものも関数とみることができる。関数を考えるとき，その定義域と値域を考えることの必要性を指摘して，次回の学習につなげたい。

9.3.2　高等学校の授業実践例

　高等学校では，概念の抽象度も高くなり計算も複雑になる。抽象的な概念の習得や計算の習熟は大切であるが困難も伴う生徒も多い。ここでは，それを助けるため，表計算ソフトを利用し，解析学の根本が数と数の対応関係であり，近似的な数値計算でもある程度のことを把握することが可能であることを理解させたい。

(a) 関数のグラフの重ね合わせ

　2 つのグラフの高さを加えて新しいグラフを作ることをグラフの重ね合わせという。関数 $y = f(x), y = g(x)$ があったとき，$y = f(x) + g(x)$ のグラフをかくには，$y = f(x), y = g(x)$ のグラフのどちらか一方にもう一方の高さを加えてかけばよいということで，ある意味当たり前のことである。高等学校では時間をか

けて扱う必要が無いように思えるが，グラフを追跡する際，微分をして増減をつかまなくても，式の形だけで関数のグラフの概形を把握することができるということは，是非，体験させておきたいことである。

　従来の手計算では時間がかかることであったが，表計算ソフトを用いることで数値計算と描画は短時間でできるようになった。

　扱う例は $y = x$ と $y = 2/x$ $(0.5 \leq x \leq 4)$ がその特徴が見やすく効果的であろう。区間の幅を 0.1 として，x の値 $0.5, 0.6, \cdots, 3.9, 4.0$ に該当する $x, 2/x, x + 2/x$ の値の表を作ると右の表のようになる。

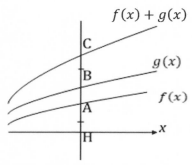

図 9.6 重ね合わせ AH = BC

表 9.6　重ね合わせ

x	$y = x$	$y = \dfrac{2}{x}$	$y = x + \dfrac{2}{x}$
0.5	0.5	4	4.5
0.6	0.6	3.333	3.93333
0.7	0.7	2.857	3.55714
0.8	0.8	2.5	3.3
…	…	…	…

この表を利用して，グラフ描画機能で散布図をかくと，$y = x, y = \dfrac{2}{x}$，$y = x + \dfrac{2}{x}$ のグラフを重ねて書くことができる。時間が許せば，得られた表とグラフを観察し，そこからわかることを話し合うとよい。

　話し合う視点として，$y = x + \dfrac{2}{x}$ の最小値とその時の x はどのように考えられるかなどが挙げられる。グラフを印刷したものを配布して，定規で長さの関連を確認させてもよい。

　次に，いたるところ連続で微分不可能であるワイエルシュトラスの関数

$$W(x) = \sum_{n=1}^{\infty} \frac{\cos(13^n \pi x)}{2^n}$$

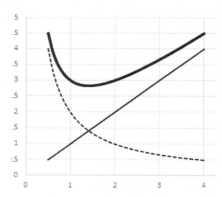

図 9.7 表から作成したグラフ

のおよその形を書いてみよう。$A_1(x) = \dfrac{\cos 13\,\pi x}{2}$, $A_2(x) = \dfrac{\cos 13^2 \pi x}{2^2}$,

$W_2(x) = A_1(x) + A_2(x)$ とおいて，定義域を $0 \leq x \leq 0.5$, 区間幅 0.001 での数表とそれをもとにしたグラフを表計算ソフトを利用してかく。$A_1(x), A_2(x)$,

$W_2(x)$ の x に対応する値を計算すると右のようになる。

これより，$y = A_1(x), y = A_2(x)$, $y = W_2(x)$ のグラフをかくと次の図のようになる。

表 9.7 ワイエルシュトラスの関数

x	$A_1(x)$	$A_2(x)$	$W_0(x)$
0	0.5	0.25	0.75
0.001	0.4996	0.2156	0.7152
0.002	0.4983	0.1218	0.6201
0.003	0.4963	-0.005	0.4908
0.004	0.4933	-0.131	0.362
…	…	…	…

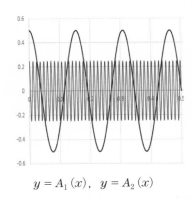

$y = A_1(x), \quad y = A_2(x)$

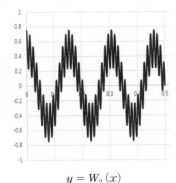

$y = W_2(x)$

図 9.8

これだけでも，微分が不可能になることが十分に把握できるであろう。

さらに，$A_3(x) = \dfrac{\cos(13^3 \pi x)}{2^3}$, $W_3(x) = A_1(x) + A_2(x) + A_3(x)$ としてグラフをかくことも考えられるが，区間をより細かくしないと上手くいかない。

区間が粗いままの数表を用いて書かせ，上手くいかない理由を考えさせると，より極限や級数への理解が進むであろう。

(b) 微分・積分の計算

表計算ソフトを使った数値計算で，定積分で表された関数のグラフを書くこともできる。区間 $[a, b]$ で定義された連続関数 $f(x)$ の定積分であらわされた関数 $F(x) = \displaystyle\int_0^x f(t)\,dt$ の近似値の数表を作り，それをもとにグラフをかくという

ことである。

　このことにより，積分の本質は，細かく切ってその和をとるということが実感できるであろう。具体的には，区分求積法の発想で区間を n 等分して

$$a = x_0 < x_1 < \cdots < x_{n-1} < x_n = b$$

として，$k = 1, 2, \cdots, n$ に対して

$$F(x_0) = 0, \quad F(x_k) = F(x_{k-1}) + (x_k - x_{k-1})f(x_k)$$

とすると，$F(x)$ の近似値を求めることができる。

表 9.8 積分の計算

x	$f(x)$	$F(x)$
0	0	0
0.01	0.000987	9.8664E-06
0.02	0.003943	4.9293E-05
0.03	0.008856	0.00013786
0.04	0.015708	0.00029494
…	…	

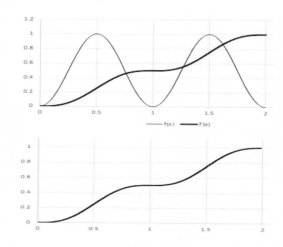

図 9.9 2 種類の書き方のグラフ

　例えば，$f(x) = \sin^2(\pi x) \ (0 \le x \le 2)$ として，定積分で表された関数 $F(x)$ のグラフを書くことを考えよう。区間の幅を 0.01 として，表計算ソフトを利用して左のような表を作る。

　この表にもとづいてグラフをかくと図 9.10 のようなグラフがかける。積分の計算により，$F(x) = \dfrac{x}{2} - \dfrac{\sin 2\pi x}{4\pi}$ を求めて同じ定義域と区間でグラフをかくと下の図のようになる。2 つのグラフを比べてみると，ほぼ同じである。表を比べると，その数値は異なっている。授業で時間があれば，区間の幅などを変えて，区間の幅をさらに細かくすると両者の表の値が一致することを発見させたい。また，関数を変えることでほとんどのグラフの形状がこの方法で求められることが理解できるであろう。上手く書けない場合や数値のずれが大きいとき，それがど

ういう場合におきるかなど，課題学習として扱うこともできる。この方法は，不定積分が初等関数で表すことのできない関数でも有効である。例として，統計でよく使われる正規分布の関数を考えよう。

$f(x) = e^{-x^2}$ として $F(x) = \int_0^x f(t)\,dt$ とする。区間の幅を 0.01 として，$0 \leq x \leq 2.5$ の範囲で $f(x)$，$F(x)$ の数表を作りグラフをかくと右のような表とグラフが得られる。これより $F(x)$ が $x \to \infty$ のとき，ある値に近づいていく様子が分かる。数表では $F(2.5) = 0.880\cdots$ となっている。一方，積分の値は $\int_0^\infty f(t)\,dt = \frac{\sqrt{\pi}}{2} = 0.886\cdots$ であることが知られている。ここでも分割を細かくしたり粗くしたりして値の変化を比べるとよいだろう。なお，$\frac{2}{\sqrt{\pi}} \int_0^x f(t)\,dt$ はガウスの誤差関数とよばれ $\mathrm{erf}(x)$ とかかれる。

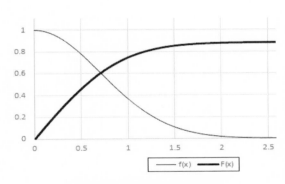

図 9.10 正規分布と誤差関数

表 9.9 正規分布の関数

x	$f(x)$	$F(x)$
0	1	0
0.01	0.9999	0.009999
0.02	0.9996	0.019995
0.03	0.9991	0.029986
0.04	0.998401	0.03997
0.05	0.997503	0.049945
0.06	0.996406	0.059909
0.07	0.995112	0.06986
…	…	…
2.47	0.002241	0.880815
2.48	0.002133	0.880836
2.49	0.002029	0.880857
2.5	0.00193	0.880876

研究課題

1. 小学校から高等学校までの解析教育の内容の系統性についてまとめなさい。
2. 実数の定義について調べなさい。定義は複数あるが，それらが同値であることを示しなさい。
3. ワイエルシュトラスの関数を $W(x)$ とする。関数 $xW(x)$ は $x = 0$ で微分可能，$x \neq 0$ で微分不可能であることを証明しなさい。
4. 積分の平均値の定理を証明しなさい。その証明のどの部分に，関数のどのような性質が必要かを指摘しなさい。
5. リウヴィルの定理を用いて不定積分 $\int \dfrac{e^x}{x}\,dx$ が初等関数でないことを証明しなさい。これを利用して $\int \dfrac{1}{\log x}\,dx$ が初等関数でないことを証明しなさい。

引用・参考文献

コーシー，西村・高瀬訳（2011）『解析教程（数学くらしくす）』テコム，東京

コーシー，小堀憲（1969）『微分積分学要論（現代数学の系譜1)』共立出版，東京

藤井斉亮，真島秀行ら（2021）『新しい算数』東京書籍

藤原松三郎（2000）『微分積分学1』内田老鶴圃，東京

長谷川考史（2017）『数学 II』第一学習社，広島

一松信（1971）『微分積分学入門』サイエンス社，東京

一松信（1981）『解析学序説上巻（新版)』裳華房，東京

一松信（1982）『解析学序説下巻（新版)』裳華房，東京

一松信（1989）『微分積分学入門第一課』近代科学社，東京

I. Kleiner（1989）Evolution of the Function Concept: A Brief Survey, The College Mathematics Journal, 20 (4), pp.282-300.

小平邦彦（1991）『解析入門』岩波書店，東京

黒河龍三（1927a）「初等函数に関するリウギルの研究（其一)」日本数学物理学会誌第1巻第1号，pp.17-27

黒河龍三（1927b）「初等函数に関するリウギルの研究（其2）」日本数学物理学会誌第
　　1巻第2号，pp.146-155

黒河龍三（1929）『初等函数に関するリウギルの研究（其3）』日本数学物理学会誌第3巻，
　　pp.8-18，pp.285-296

コルモゴロフ，坂本訳（2010）『確率論の基礎概念』ちくま学芸文庫，筑摩書房，東京

文部科学省 中央教育審議会 初等中等教育分科会 教育課程部会 算数・数学ワーキング
　　グループ（2015）「平成27年12月17日配布資料9」

文部科学省 国立教育政策研究所（2017）「平成29年度全国学力・学習状況調査報告書」

中根美知代（2010）『ε - δ 論法とその形成』共立出版，東京

大矢正則ら（2018）『改訂版　新編 数学 II』数研出版，東京

岡本久，長岡亮介（2014）『数とは何か：近代数学史からのアプローチ』近代科学社，
　　東京

斎藤毅（2013）『微積分』東京大学出版会，東京

笹野一洋，南部徳盛（2004）「新入生アンケートに見る高校数学の履修実態とその対策」
　　研究紀要（富山医科薬科大学一般教育），32, pp.63-70

M. Spivak（1994）;"Calculus"（3rd ed.）, Cambridge, New York

杉浦光夫（1980）『解析入門 I』東京大学出版会，東京

田中尚夫（2005）『選択公理と数学』遊星社, 東京

高木貞二（2010）『定本 解析概論』岩波書店, 東京

東京理科大学数学教育研究所（2015）『高校生の数学力X』科学振興新社 フォーラム・A,
　　大阪

第10章
確率・統計の教育

本章では，これからの確率・統計教育の方向性を探る。10.1 節では確率・統計の生徒の認識，10.2 節では確率・統計の数学的背景，10.3 節では確率・統計の指導について扱う。

10.1 確率・統計の生徒の認識

　中央教育審議会が平成 28 年 12 月 21 日に示した「幼稚園，小学校，中学校，高等学校及び特別支援学校の学習指導要領等の改善及び必要な方策等について（答申）」では，算数・数学の指導内容の充実の 1 つとして，「社会生活などの様々な場面において，必要なデータを収集して分析し，その傾向を踏まえて課題を解決したり意思決定をしたりすることが求められており，そのような能力を育成するため，高等学校情報科等との関連も図りつつ，小・中・高等学校教育を通じて統計的な内容等の改善について検討していくことが必要である」としている。

　本節では，各種学力調査の結果などから，確率・統計の生徒の認識の課題について取り上げる。

10.1.1 　国際学力調査からみえる確率・統計教育の課題

　義務教育終了段階である 15 歳児（高校 1 年生）を対象とする国際学力調査である生徒の学習到達度調査（PISA）で出題された問題から，地震に関する問（図 10.1）と盗難事件に関する問（図 10.2）を取り上げる。なお，これらの問は，調

査の枠組みでは数学的な内容（包括的アイディア）として不確実性（Uncertainty）の領域に分類されていて，確率的・統計的な現象や関係を扱っている。

地震

地震に関する問

地震と地震の頻度についてのドキュメンタリー番組が放送されました。番組では地震を予知できるかどうかについても議論が交わされました。

ある地質学者は次のように言いました。「今後 20 年以内にゼットランド市で地震が起きる確率は 3 分の 2 だ」

この地質学者の言葉の意味を一番よく反映しているのは次のどれですか。

A $\frac{2}{3} \times 20 = 13.3$。だから、いまから 13 年から 14 年の間にゼットランド市では地震が起きる。

B $\frac{2}{3}$ は $\frac{1}{2}$ より大きい。だから、今後 20 年の間にゼットランド市ではいつか必ず地震が起きる。

C 今後 20 年の間にゼットランド市で地震が起きる確率は、地震が起きない確率より大きい。

D 地震がいつ起きるかはだれも確信できないので、何が起きるかを予言することはできない。

図 10.1　地震に関する問（経済協力開発機構（OECD）2010, p.136）

　地震に関する問の正答は「C」で，OECD 平均で 46% の生徒が正答であった。選択肢「D」のように実際に地震を予知できるかどうかではなく，地質学者の発言「今後 20 年以内にゼットランド市で地震が起きる確率は 3 分の 2 だ」について，確率の意味にもとづき判断をおこなうことが必要である。

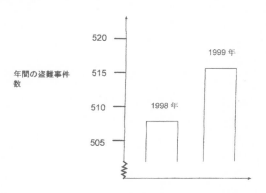

図 10.2　盗難事件に関する問（国立教育政策研究所 2004, p.119）

　盗難事件に関する問の完全正答は，単に語句上の「適切である，または適切でない」だけではなく，レポーターのグラフ解釈を適切であると表明しているか否かで評価する。例えば，完全正答は「適切でない。グラフを見ると大きく増加しているように見えるが，数値を見ればそれほど増加していない。」となる。一方，「適切でない。8 〜 9 件は大きな量ではない。」といったものは，盗難件数の実数の増加にのみ着目し，全体の件数と比較しておらず，説明が詳細ではなく部分正答となる。また，「適切。グラフの高さが 2 倍になっている。」や「適切でない。TV レポーターは大げさに言う傾向がある。」といったものは誤答となる。2003 年調査では，わが国の生徒の完全正答は 11.4%，部分正答は 35.4%，誤答は38.8%，無答は 14.4% であった。なお，OECD 平均は，完全正答は 15.4%，部分正答は 28.1%，誤答は 41.5%，無答は 15.0% であった。

　なお，盗難事件に関する問は，『小学校学習指導要領解説 算数編』（文部科学省 2018a）の中で，第 6 学年の「D データの活用」領域の「D(1) データの考察」に関わる「思考力・判断力・表現力等」として，「目的に応じてデータを集めて

分類整理し，データの特徴や傾向に着目し，代表値などを用いて問題の結論について判断するとともに，その妥当性について批判的に考察すること」の「妥当性について批判的に考察すること」の解説で例示されている。

10.1.2　全国学力・学習状況調査からみえる確率・統計教育の課題

わが国で実施されている全国的な学力調査の1つである，全国学力・学習状況調査で出題されている，確率・統計に関する問題を取り上げる。

（2）下の表は，大小2つのさいころを同時に投げるときの出る目の数の和について，すべての場合を表したものです。例えば，表の右下の12は，大きいさいころの目が6で小さいさいころの目が6のときの和を表しています。

小 大	1	2	3	4	5	6
1	2	3	4	5	6	7
2	3	4	5	6	7	8
3	4	5	6	7	8	9
4	5	6	7	8	9	10
5	6	7	8	9	10	11
6	7	8	9	10	11	12

大小2つのさいころを同時に投げるとき，出る目の数の和が8になる確率を求めなさい。ただし，どちらのさいころも1から6までの目の出方は，同様に確からしいものとします。

図 10.3　確率の求め方を問う問題

（文部科学省・国立教育政策研究所 2018, p.94）

平成30年度全国学力・学習状況調査の中学校数学の主として「知識」に関する問題（A問題）大問15(2)では，確率の求め方を問うている（図10.3）。本設問の趣旨は「表などを利用して，確率を求めることができるかどうかをみる」と

なっている。観点別評価としては数学的な技能を問うもので，正答「5/36 と解答しているもの」の反応率は 71.8% である。

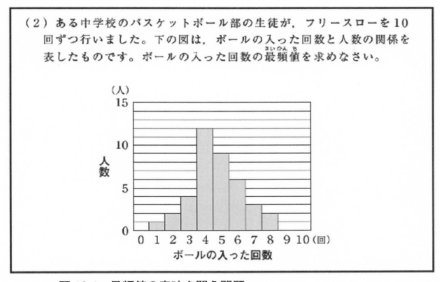

（2）ある中学校のバスケットボール部の生徒が，フリースローを 10 回ずつ行いました。下の図は，ボールの入った回数と人数の関係を表したものです。ボールの入った回数の最頻値を求めなさい。

図 10.4　最頻値の意味を問う問題

（文部科学省・国立教育政策研究所 2012, p.290）

　平成 24 年度全国学力・学習状況調査の中学校数学の主として「知識」に関する問題（A 問題）大問 15(2) では，最頻値の意味を問うている（図 10.4）。本設問の趣旨は「資料を整理した図から最頻値を読み取ることができるかどうかをみる」となっている。観点別評価としては数量，図形などについての知識・理解を問うもので，正答「4 と解答しているもの」の反応率は 43.4% である。誤答として「1 と解答しているもの」の反応率は 14.5% であり，「ボールの入った回数の最も少ない回数を最頻値と考えた生徒がいる」（文部科学省・国立教育政策研究所 2012，p.293）と分析している。

　平成 24 年度全国学力・学習状況調査の中学校数学の主として「活用」に関する問題（B 問題）大問 3 では，情報の適切な選択と判断を問うている（図 10.5）。このうち，設問 (2) の趣旨は「資料の傾向を的確に捉え，判断の理由を数学的な表現を用いて説明することができるかどうかをみる」となっている。つまり，二

人のヒストグラムから読み取れる分布の違いや代表値などを根拠として，次の1回でどちらの選手がより遠くへ飛びそうかを判断し，その理由を説明する。

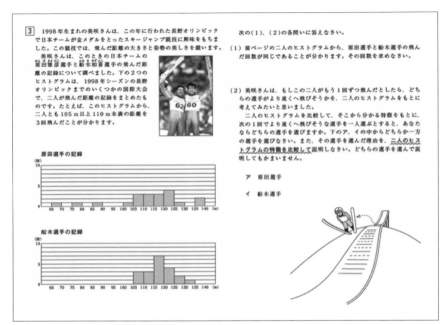

図 10.5 情報の適切な選択と判断（スキージャンプ）を問う問題
（文部科学省・国立教育政策研究所 2012, p.85）

　観点別評価としては数学的な見方や考え方を問うもので，正答例は「原田選手の記録の方が船木選手の記録より 130 m 以上の階級の累積度数が大きいので，原田選手の方が次の1回でより遠くへ飛びそうな選手である。だから，原田選手を選ぶ。」「船木選手の記録の方が原田選手の記録より範囲が小さく，階級の中央の値の大きいところに記録が集まっているので，船木選手の方が次の1回でより遠くへ飛びそうな選手である。だから船木選手を選ぶ。」といったものがある。この問題の反応率は 47.1% である。誤答として，原田選手を選択して「二人のヒストグラムに着目して記述しているが，原田選手が選ばれる根拠として誤りがあるものや，ヒストグラムの読み取りに誤りがあるもの」の反応率は 11.0% で，船木選手を選択して「ヒストグラムに着目して記述しているが，船木選手が選ば

れる根拠として誤りがあるものや，ヒストグラムの読み取りに誤りがあるもの」の反応率は 24.8% で，「資料の傾向を的確に捉え，判断の理由を数学的な表現を用いて説明することに課題がある」（文部科学省・国立教育政策研究所 2012，p.293）と分析している。

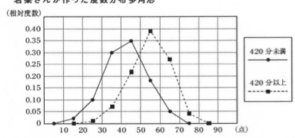

（3）若葉さんは，1 週間の総運動時間が 420 分未満と 420 分以上の女子では，体力テストの合計点に違いがあるのではないかと考えました。そこで，420 分未満と 420 分以上の女子で分けて，体力テストの合計点をまとめた度数分布表をもとに，相対度数を求め，相対度数の度数分布多角形(度数折れ線)に表しました。

体力テストの合計点の度数分布表

階級（点）	420 分未満		420 分以上	
	度数（人）	相対度数	度数（人）	相対度数
以上　未満				
10 〜 20	1	0.02	0	0.00
20 〜 30	6	0.10	1	0.01
30 〜 40	18	0.30	6	0.07
40 〜 50	21	0.35	19	0.22
50 〜 60	11	0.18	33	0.39
60 〜 70	3	0.05	23	0.27
70 〜 80	0	0.00	3	0.04
合計	60	1.00	85	1.00

若葉さんが作った度数分布多角形

若葉さんが作った度数分布多角形から，「1 週間の総運動時間が 420 分以上の女子は，420 分未満の女子より体力テストの合計点が高い傾向にある」と主張することができます。そのように主張することができる理由を，若葉さんが作った度数分布多角形の 2 つの度数分布多角形の特徴を比較して説明しなさい。

図 10.6　情報の適切な選択と判断（運動時間の調査）を問う問題
（文部科学省・国立教育政策研究所 2017, p.140）

平成 29 年度全国学力・学習状況調査の中学校数学の主として「活用」に関する問題（B 問題）大問 5 では，情報の適切な選択と判断を問うている（図 10.6）。このうち，設問 (3) の趣旨は，「資料の傾向を的確に捉え，判断の理由を数学的な表現を用いて説明することができるかどうかをみる」となっている。つまり，「420 分未満より 420 分以上の女子の方が，合計点が高い傾向にある」と主張できる理由を，グラフの特徴を基に説明する。観点別評価としては数学的な見方や考え方を問うもので，正答例は「2 つの度数分布多角形が同じような形で，420 分未満の度数分布多角形よりも 420 分以上の度数分布多角形の方が右側にある。したがって，1 週間の総運動時間が 420 分以上の女子は，420 分未満の女子より体力テストの合計点が高い傾向にある」といったものがある。この問題の正答率は 18.0% である。正答の条件は 2 つあり，1 つ目の条件は「(a) 420 分未満の度数分布多角形よりも 420 分以上の度数分布多角形の方が右側にあること」で，2 つ目の条件は「(b) 1 週間の総運動時間が 420 分以上の女子は，420 分未満の女子より体力テストの合計点が高い傾向にあること」である。正答の内訳は，2 つの条件を記述している解答として求める条件を全て満たしている正答「◎」は 5.7% で，条件 (a) のみを記述している設問の趣旨に即し必要な条件を満たしている正答「○」は 12.3% である。「資料の傾向を的確に捉え，判断の理由を数学的な表現を用いて説明することに課題がある」（文部科学省・国立教育政策研究所 2017，p.145）と分析している。

10.2 確率・統計の数学的背景

本節では，確率・統計教育の特徴的な取り扱いについてみていく。10.2.1 項では，確率の数学的背景として，確率論史と確率の特徴的な取扱いとして「確率の考え」を取り上げ，関連する確率の用語について整理する。10.2.2 項では，数理科学における統計学の位置づけと特徴的な取扱いとして平成 29 年度全国学力・学習状況調査の中学校数学の結果を踏まえた「授業アイディア例」を取り上げ，関連する統計の用語について整理する。

10.2.1　確率の数学的背景

　はじめて確率論の本を書いたのはカルダーノ（Girolamo Cardano；1501 –
1576）である。カルダーノは，論文「サイコロ遊びについて」の中で，賭博に
ついて述べている。安藤（2007）は，「カルダーノの原則論で大事なことは，**同
等の条件下で賭博すること**であり，このことは自然に**根元事象の等確率性**にもつ
ながる感覚を持ち得たものと思われる。(p.142)」と解説している。

(1)　現代化期の小学校算数科における「確率の考え」

　小学校段階に確率の概念が初めて導入されたのは，昭和 43 年改訂小学校学習
指導要領である。『小学校算数指導書』（文部省，1969）では，「数学教育の進歩
に応じ，集合，関数，確率などの小学校としては新しい概念を導入し（p.2）」，
統計の領域内で「確率の考え」について記している。「確率の考え」は「非決定
的な事象に対する数量化に連なるもの（p.40）」であり，「確率の考え」を扱う主
要なねらいを，「不確実な事象の傾向を表わすのにも数が用いられることや，そ
うした数の用い方について，より正しい理解ができるようにするところ（p.156）」
と記している。

　例えば，ある算数科教科書では，単元「見方・考え方(4)」の導入で，二人の
児童が玉を取り出す実験の場面が描かれていて，袋の中の玉の形状や質感，玉の
取り出し方について記している。また，玉を取り出していない児童は記録を行なっ
ている（図 10.7）。問題に取り組む際，前提とされていることがらや実験を行う
際の条件や環境を吟味しておくことが必要である。設問 (1) では，同様に確から
しいことを保証するための条件について整理する。設問 (2) では，設問 (1) で整
理した条件にもとづき，同じ条件で多数回繰り返し，実験的に試行を繰り返して
おこなう。設問 (3) では，㋐で 200 回まで調べた結果に対して適切な予想を立て，
㋑で結果に対して適切な確率の予想を立てる。このように，実験的に試行を繰り
返して，その結果をもとに確率を考えていく。その結果，それぞれの玉の出る回
数は全体の回数の 1/4 に近くなることから，確率 1/4 の意味として統計的確率
と数学的確率が一致することを理解する。

図 10.7　現代化期の D 社小学校算数科教科書（秋月他 1974, pp.64-65）

(2)　確率に関わる用語

A.　事象

　標本空間（sample space）とは，起きうる個々の結果（標本点）をすべて含む集合のことである。標本点は**根元事象**（elementary event）となる。

> 【例】サイコロを 1 回投げたときの標本空間 Ω は Ω = $\{1, 2, 3, 4, 5, 6\}$，根元事象は $\{1\}, \{2\}, \{3\}, \{4\}, \{5\}, \{6\}$ で表される。

　事象（event）とは，標本空間に含まれる集合（部分集合）のことである。標本点を 1 つも含まない，決して起きない結果の事象を**空事象**（empty event）といい，ϕ で表す。標本空間 Ω に一致する事象を**全事象**（whole event）という。

　事象 A と事象 B のうち，少なくとも 1 つが起きるという事象を事象 A と事象 B の**和事象**（sum event）といい，$A \cup B$ で表す。事象 A と事象 B が同時に起きるという事象を事象 A と事象 B の**積事象**（product event）といい，$A \cap B$ で表す。事象 A が起きないという事象を**余事象**（complementary event）といい，A^c で表す。一般に，$(A \cup B)^c = A^c \cap B^c$，$(A \cap B)^c = A^c \cup B^c$ が成り立ち，ド・

モルガンの法則（law of de Morgan）と呼ぶ。

【例】A＝奇数の目が出る事象＝{1, 3, 5}，B＝4以上の目が出る事象＝{4, 5, 6} のとき，A∪B＝{1, 3, 4, 5, 6}，A∩B＝{5}，A^C＝{2, 4, 6}（＝偶数の目が出る事象），B^C＝{1, 2, 3} となる。したがって，$(A∪B)^C$＝{2}＝$A^C∩B^C$，$(A∩B)^C$＝{1, 2, 3, 4, 6}＝$A^C∪B^C$.

事象Aと事象Bが共通部分をもたないとき（図10.8），すなわち，一方が起きれば，他方は決して起きないとき，事象Aと事象Bは**排反事象**（exclusive events）という。つまり，A∩B＝φとなる。事象Aと事象Bが排反事象のとき，Aの標本点の個数|A|とBの標本点の個数|B|を加えると，A∪Bの標本点の個数|A∪B|と一致するので，|A∪B|＝|A|＋|B| となる。

【例】コインを1回投げたときの標本空間ΩはΩ＝{表，裏}。A＝表が出る＝{表}，B＝裏が出る＝{裏} のとき，A∩B＝φ.

事象Aと事象Bが共通部分をもつ（A∩B）とき，すなわち排反事象でないとき（図10.9），一般に，|A∪B|＝|A|＋|B|－|A∩B| となる。

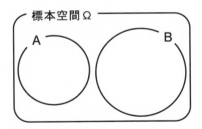
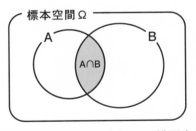

図10.8　事象Aと事象Bが排反事象　　図10.9　事象Aと事象Bが排反事象でない

B. 確率の加法定理と乗法定理

確率論の議論の対象となるものは数学的確率である。統計学では，確率論の議論をもとにして，統計的確率をも扱う。

数学的確率（mathematical definition of probability）では，N通りの事象がすべて同じ確からしさで起こるとする。そのうち事象Aが起こる回数がr通

りであるとき事象 A の起こる確率を r/N とする。数学的確率は，各事象がすべて同じ確からしさで起こることを前提としている。**統計的確率**（statistical (definition of) probability）では，試行を N 回繰り返し行なったとき，考察対象の事象 A が起こった回数を r 回とする。試行の回数 N を大きくしたとき相対度数 r/N は一定の値 p に近づくとする。この相対度数の極限値 p を事象 A の確率とする。統計的確率は経験的確率（experimental probability）とも呼ばれる。

事象 A の起こる**確率**（probability）を $P(A)$ で表す。$P(A)$ には，次のような基本的性質がある：① 任意の事象に対して，$0 \leqq P(A) \leqq 1$，② 全事象 Ω に対して，$P(\Omega) = 1$，③ $A \cap B = \phi$（事象 A と事象 B が排反事象）のとき，$P(A \cup B) = P(A) + P(B)$.

③の性質を**確率の加法定理**（addition law of probability）と呼ぶ。

【例】どの目が出ることも**同様に確からしい**（equally likely），正しくできている六面体のサイコロを用いる。このサイコロを 1 回投げたときの標本空間 Ω は $\Omega = \{1, 2, 3, 4, 5, 6\}$，A ＝奇数の目が出る事象 ＝ $\{1, 3, 5\}$ となる。このサイコロを 1 回投げたときに奇数の目が出る確率は，$P(A)$（＝奇数の目が出る確率）＝ $|A|/|\Omega|$ ＝（奇数の目が出る事象の標本点の個数）/（全事象の標本点の個数）＝ 3/6 ＝ 1/2.

B ＝ 6 の目が出る事象 ＝ $\{6\}$ のとき，$P(B)$（＝ 6 の目が出る確率）＝ 6 の目が出る事象の標本点の個数 / 全事象の標本点の個数 ＝ 1/6

$A \cup B$（＝奇数の目もしくは 6 の目が出る事象）＝ $\{1, 3, 5, 6\}$ となるので，$P(A \cup B) = 4/6 = 2/3$. いま，事象 A と事象 B は排反事象であるから，$P(A) + P(B) = 3/6 + 1/6 = 4/6 = 2/3$ となる。

事象 A が起きたときに事象 B が起きる確率を，事象 A が起きたときの事象 B の**条件付き確率**（conditional probability）といい，$P(A|B) = P(A \cap B)/P(B)$ で表す。これは $P(A \cap B) = P(A|B) \cdot P(B)$ と変形することができ，**確率の乗法定理**（Multiplication law of probability）と呼ぶ。

【例】正しくできている六面体のサイコロを1回投げたときの標本空間Ω
は Ω = {1, 2, 3, 4, 5, 6}，A = 奇数の目が出る事象 = {1, 3, 5}，B = 4 以上の
目が出る事象 = {4, 5, 6} となる。このサイコロを1回投げたときに奇数の
目が出て4以上の目が出る条件付き確率 P（A|B）は，P（A∩B）（= 奇数
の目で4以上の目が出る確率）= 1/6, P(B) = 3/6 = 1/2 であるから，P(A|B)
= P(A∩B)/P(B) = (1/6)/(3/6) = 1/3 となる。

事象Aと事象Bについて，ある事象が起きることがもう一方の事象が起き
ることに影響を及ぼさないとき，事象Aと事象Bは**独立**（independent）と
いう。このとき，P(A|B) = P(A)，P(B|A) = P(B) となる。事象Aと事象Bが
独立であるとき，P(A∩B) = P(A)・P(B) となり，これを**独立事象の乗法定理**
（Multiplication law of independent events）と呼ぶ。

C．大数の法則

実験や観察を**試行**（trial）という。事象Aはある試行に関連したものであり，
事象Aが起こる確率を p とする。この試行を N 回繰り返すときに，事象Aが起
こる回数を r とする。N を増加させるときに，相対度数 r/N が一定の値 p に収
束するとき，**大数の法則**（law of large numbers）と呼ぶ。大数の法則は，統計
的確率と数学的確率が一致することを示している。例えば，正しくできている六
面体のサイコロを N 回振って1の目が出る回数を r とするとき，この試行回数
を増加させると，r/N は 1/6（= 0.1666…）に近い値を変動する（図 10.10）。

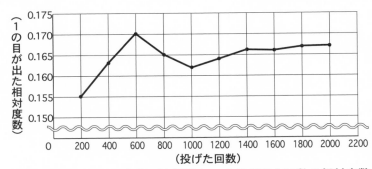

図 10.10　サイコロを投げた回数と1の目が出た回数の相対度数
（岡部他 2021，p.188）

10.2.2 統計の数学的背景

　日本学術会議・数理科学委員会数理科学分野の参照基準検討分科会（2013）
では，数理科学における一分野である統計学について，「統計学は，現実の様々
な現象について，データに基づいて現象を理解し判断を下すための方法論（p.5）」
であり，統計で扱うデータは誤差を含むため，一定の不確実性の中で可能な限り
の合理的な判断を行う必要がある。「不確実性の点で数学とは性格を異にしてい
る（同上）」としている。

(1)　平成29年度全国学力・学習状況調査「授業アイディア例」

　10.1.2項で取り上げた，平成29年度全国学力・学習状況調査の中学校数学の
情報の適切な選択と判断（運動時間の調査）を問う設問（図10.6参照）では課
題がみられたため，本設問をもとにした「授業アイディア例」が作成されている
（図10.11）。2時間構成の2時間目では，度数分布多角形を重ねてみて，2つの
資料の傾向を比較している。『中学校学習指導要領（平成29年告示）解説 数学編』
（文部科学省 2018b）では，ヒストグラムを用いることで「全体の形，左右の広
がりの範囲，山の頂上の位置，対称性，極端にかけ離れた値（外れ値）の有無など，
直観的に捉えやすくなる。（pp.88-89）」としているように，山の頂上の位置の他，
山のすそに注目したデータの範囲，山の形が単峰性か多峰性かなど，数学的な表
現を用いて説明できるようにしておくことが必要である。また，ヒストグラムや
度数分布多角形の他に，箱ひげ図などの表し方についても取り上げており，デー
タの散らばりの様子を把握し，判断するための根拠に用いることも必要である。

(2)　統計に関する用語

A．代表値

　資料の特徴を読み取る場合，データ全体を表す指標となる値である**代表値**
（representative value / measure of central tendency）を用いる場合がある。
代表値には，平均値，中央値（メジアン），最頻値（モード）などがある。**平均
値（average）**は，データの個々の数値の総和をデータの個数で割った値である。

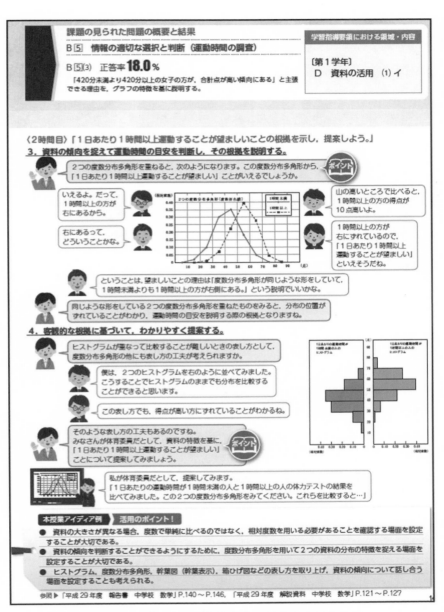

図 10.11　授業アイディア例「全校生徒の体力向上のために，

1日あたりの運動時間の目安を提案しよう」

（国立教育政策研究所教育課程研究センター 2017，p.14）

中央値（median）は，データの個々の数値を大きさの順に並べたときの中央の値であり，データの個数が偶数個のときは，中央の2数の平均をとる。**最頻値**（mode）は，データの中で最も多く現れている値である。目的に応じて判断する際，平均値は極端にかけ離れた値である**外れ値**（outlier）の影響を受けやすいため，外れ値の影響を受けにくい中央値や最頻値を用いることがある。

【例】 次のデータは，ある学校の生徒33人の50m走の記録を，タイムが早い順に並びかえたものである。

7.4	7.8	8.1	8.1	8.3	8.3	8.4	8.4	8.5	8.5
8.6	8.6	8.7	8.8	8.9	8.9	8.9	9.0	9.2	9.2
9.3	9.4	9.5	9.5	9.6	9.8	9.8	9.8	10.3	10.4
10.7	10.8	10.9						（単位：秒）	

図 10.12　50 m 走の記録

平均値 9.1 秒，中央値 8.9 秒，最頻値 9.8 秒

B. 散布度

データの散らばり度合いを表す数値を**散布度**（degree of scattering / measure of variation）という。散布度には，範囲，偏差，平均偏差，分散，標準偏差などがある。**範囲**（range）はデータの最大値と最小値の差である。**偏差**（deviation）はデータの個々の数値と平均値との差である。**平均偏差**（mean deviation）は偏差の絶対値の平均の値である。**分散**（variance）は偏差の平方の平均の値であり，分散の平方根を**標準偏差**（standard deviation）という。標準偏差は平均値のまわりの散らばりを示す尺度の1つである。N個の値 x_1, x_2, $\cdots$, x_N からなるデータセットにおいて，平均値 $\overline{x}$，分散 σ^2，標準偏差 σ は，次のようになる。

$$\overline{x} = \frac{(x_1 + x_2 + \cdots + x_N)}{N} = \frac{1}{N} \sum_{k=1}^{n} x_k, \quad \sigma^2 = \frac{1}{N} \sum_{k=1}^{n} (x_k - \overline{x})^2$$

$$\sigma = \sqrt{\frac{1}{N} \sum_{k=1}^{n} (x_k - \overline{x})^2} = \sqrt{\frac{1}{N} \sum_{k=1}^{n} x_k^2 - (\overline{x})^2}$$

【例】図 10.12 のデータをもとに，表計算ソフトを用いて計算した結果の一部は，以下のようになる。

	A	B	C	D
1	タイム	偏差	偏差の絶対値	偏差の平方
2	7.4	-1.7	1.7	2.89
3	7.8	-1.3	1.3	1.69
4	8.1	-1	1	1
5	8.1	-1	1	1
6	8.3	-0.8	0.8	0.64
7	8.3	-0.8	0.8	0.64
8	8.4	-0.7	0.7	0.49
9	8.4	-0.7	0.7	0.49
10	8.5	-0.6	0.6	0.36
11	8.5	-0.6	0.6	0.36
12	8.6	-0.5	0.5	0.25
23	9.4	0.3	0.3	0.09
24	9.5	0.4	0.4	0.16
25	9.5	0.4	0.4	0.16
26	9.6	0.5	0.5	0.25
27	9.8	0.7	0.7	0.49
28	9.8	0.7	0.7	0.49
29	9.8	0.7	0.7	0.49
30	10.3	1.2	1.2	1.44
31	10.4	1.3	1.3	1.69
32	10.7	1.6	1.6	2.56
33	10.8	1.7	1.7	2.89
34	10.9	1.8	1.8	3.24
35	9.1		0.71	0.74
36	平均		平均偏差	分散

範囲 10.9 − 7.4 = 3.5 秒，平均偏差 0.71，分散 0.74，標準偏差 0.86

ドットプロット（dot plot）とは，数直線上の該当する箇所にデータを配置し，同じ値のデータがある際には積み上げて表したものである。ドットプロットを用いることでデータの散らばりの様子が捉えやすくなる。

図 10.13　50 m 走の記録のドットプロット

C. 統計調査

　10.1.2 項で取り上げた全国学力・学習状況調査の調査方式は（平成 22 年度から平成 24 年度までを除き）悉皆調査である。悉皆という用語は 1 つ残らず全部という意味である。このように，集団の個々すべての性質を調べる統計調査を**全数調査**（complete count survey）という。一方，世論調査のように，集団の一部を調べて全体の性質を推測する統計調査を**標本調査**（sample survey）という。

　標本調査では，調査の対象となるデータの全体を**母集団**（population）といい，調査のために母集団から取り出した一部のデータを**標本**（sample）という。母集団から標本を取り出すことを**標本抽出**（sampling）といい，n 個のデータか

らなる標本を，**大きさ**(size) N の標本という。標本抽出では，標本が母集団の性質をよく反映していることが重要である。そのため，母集団のどのデータも取り出される確率がすべて等しくなるような方法を用いることが多い。この方法を**無作為抽出**（ランダム・サンプリング）(random sampling) という。

D. 度数分布

統計データには，好きな教科調べやけが調べなどによって得られる**質的データ**(qualitative data) と，50m 走の記録や気温の変化の記録などによって得られる**量的データ**（quantitative data）がある。

各階級に属する度数の全体を**度数分布**（frequency distribution）という。度数分布の形に要約されたデータを表示するために用いられるものとして，度数分布表やヒストグラムがある。度数分布を表で表したものを**度数分布表**(frequency table) という。度数分布表の一定の幅で区切った区間を**階級**（class）といい，階級の中央の値を**階級値**（class mark）という。図 10.6 の体力テストの合計点の度数分布表でいえば，階級の幅は 10 点であり，例えば，30 点以上 40 点未満の階級値は 35 点である。このように，各階級に属するデータの度数によって，データの散らばりの傾向をつかむことができる。度数分布を柱状のグラフで表したものを**ヒストグラム**（histogram）という（例えば，図 10.5 参照）。ヒストグラムの長方形の上辺の中点を線分で結ぶことによってつくられる折れ線グラフを**度数分布多角形**（度数折れ線グラフ）(frequency polygon) という（例えば，図 10.6 参照）。通常，度数 0 の階級は，折れ線が水平に置かれるように各の端に加えられる。

度数分布表やヒストグラムで表される分布の型には様々なものがある。最も代表的なものは釣鐘の形をした分布であり，平均値を表す軸に対称である。このような対称型分布を**正規分布**（normal distribution）と呼ぶ。度数分布表やヒストグラムで，さらに測定データを増やし，ヒストグラムの階級の幅を狭くすると，度数分布多角形が次第に一定の曲線に近づく。このような曲線を**分布曲線**（distribution curve）という。ヒストグラムを**正規分布曲線**（normal curve）（図 10.14）で近似することによって，データが正規分布に従うかどうかを決定することができる。また，平均値 m，標準偏差 σ の正規分布を $N(m, \sigma^2)$ と表

す。特に，平均値 0，分散 1 となる正規分布は**標準正規分布**（standard normal distribution）と呼ぶ。

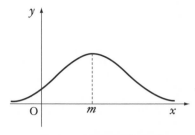

図 10.14　正規分布曲線

10.3 確率・統計教育の指導

　平成 29・30 年告示の学習指導要領より，統計に関わる領域は，従前の小学校算数科「数量関係」領域や中学校数学科「資料の活用」領域から，「データの活用」と名称を改め，小・中・高等学校の学習のつながりを考慮している（文部科学省 2018a, 2018b）。例えば，松嵜他（2019）は，学習指導要領の変遷に合わせて，確率・統計の内容の取扱いを概観している。

　平成 29 年告示の学習指導要領における小学校算数科と中学校数学科の「データの活用」領域の内容の構成は，以下のようになっている（表 10.1）。

表 10.1　小学校算数科・中学校数学科・高等学校数学科の内容の構成
（下線は新設の内容を示す）（文部科学省 2018a，2018b，2019）

学年	D　データの活用
小学校 第 6 学年	1　データの考察 　代表値の意味や求め方（←中 1） 　度数分布を表す表や　グラフの特徴と用い方 　<u>目的に応じた統計的な問題解決の方法</u> 2　起こり得る場合 　起こり得る場合
中学校 第 1 学年	データの分布の傾向 ・ヒストグラムや相対度数の必要性と意味 多数回の観察や多数回の試行によって得られる確率 ・多数回の観察や多数回の試行によって得られる確率の必要性と意味（←中 2）

	（用語に累積度数を追加）			
	（用語から代表値，（平均値，中央値，最頻値），階級）を削除（→小6）			
	（内容の取扱いから，誤差，近似値，$a \times 10^n$ の形の表現を削除（→中3））			
中学校 第2学年	データの分布の比較 ・四分位範囲や箱ひげ図の必要性と意味（追加） ・箱ひげ図で表すこと（追加） 場合の数を基にして得られる確率 ・確率の必要性と意味 ・確率を求めること（「確率の必要性と意味」を一部移行（→中1））			
中学校 第3学年	標本調査 ・標本調査の必要性と意味 ・標本を取り出し整理すること			
高等学校 「数学Ⅰ」	データの分析 データの散らばり ・分散，標準偏差 　データの相関 ・散布図，相関係数 　仮説検定の考え方	高等学校 「数学A」 「数学B」 「数学C」	場合の数と確率 統計的な推測 数学的な表現の工夫	

※高等学校の科目のうち，内容を選択して履修する科目「数学A」「数学B」「数学C」については内容の取扱いや用語は略

10.3.1 確率の指導

　Karen（2006）は，サイコロ2個を用いた双六を紹介している。手持ちの4つの駒をいち早くゴールさせた者が勝ちとなる。駒の進め方は，2個のサイコロの出た目とその合計分となる。例えば，1の目と3の目が出たとき，2つの駒をそれぞれ1マスと3マス進めるか，1つの駒を4マス進めることができる（図10.15）。フィールドに4つの駒が出ていて，サイコロの2つの出た目がゾロ目の場合，特別ルール「ダブレット（doublets）」が適用される。例えば，2個サイコロの出た目が1のゾロ目が出たとき，裏の6の目も使用することができる。つまり，「1, 1, 6, 6」を組み合わせて駒を進めることができる。可能となる駒の進め方は「1」「2」「6」「7」「8」「12」「13」「14」の8通りある。4つの駒をそれぞれ1マス，1マス，6マス，6マス進めてもよいし，1つの駒を2マス進め，もう1

つの駒を12マス進めてもよいし，1つの駒を14マス進めてもよい（図10.16）。

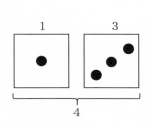

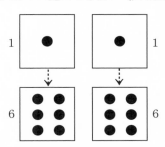

**図10.15　サイコロの1の目と　　　　図10.16　特別ルール「ダブ
3の目が出た場合の駒の進め方　　　　レット」適用時の駒の進め方**

　通常の場合の駒の進め方と特別ルール「ダブレット」適用時の駒の進め方をまとめたもの（図10.17）を参照しながら，双六をおこなう。2個のサイコロの出た目がゾロ目のとき，フィールド上に，駒が3つまであるときの駒の進め方と駒が4つあるときの駒の進め方を比較しながら，どちらの進め方の方が確率が高いかを考えて，戦略を練ることが必要となる。

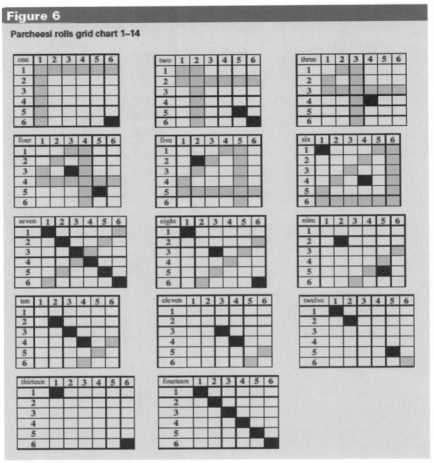

図 10.17　駒の進め方（Karen 2006，p.319）

（グレー：通常の場合，黒：特別ルール「ダブレット」適用時）

　例えば，駒を1マスから5マス進める場合，駒が3つまでフィールド上にある時の方が特別ルール「ダブレット」適用時よりも確率は高くなり，駒を6マス以上進める場合は，特別ルール「ダブレット」適用時の方が確率は高くなる。

10.3.2 統計の指導

　平成 29・30 年告示の学習指導要領では，統計教育の充実を図っている。平成 29・30 年の学習指導要領改訂に向けて，日本数学教育学会「資料の活用」検討 WG（2014）は，小学校，中学校，そして，高等学校第 1 学年までを対象とする，次の 5 つの「新教育課程編成に向けた系統的な統計指導の提言」を行なっている：「提言 1：ドットプロットを小学校第 6 学年で扱い，柱状グラフ（ヒストグラム）を中学校第 1 学年で扱う」「提言 2：箱ひげ図に係わるグラフ表現を複数学年に位置づける」「提言 3：テクノロジー利用を前提とした，ビッグデータや実データを扱う指導」「提言 4：架空のデータを扱う指導」「提言 5：数学的判断力を育成する統計指導」。また，質的データと量的データの組み合わせなども含む多変数までの扱いを視野に入れて，前学習指導要領における統計の学習内容の見直しと PPDAC サイクルを両輪として整合を図り，新教育課程編成に向けた統計教育課程の系統案を示している（図 10.18）。

質的データ／量的データ		質的データと量的データの組み合わせ 統計表	統計グラフ	学習内容	学校種	学年	PPDAC サイクル
質的データ	質的		絵グラフ	絵や表を用いた数量の表現	小学校	1	Problem I—Plan I—Data—Analysis—Conclusion
				簡単な表やグラフ		2	Problem I：はじめから統計的な問題となっており，対象とするデータも定まっている（人為的データ）
		一元表	棒グラフ	表や棒グラフ		3	Plan I：収集しやすいデータを対象として，収集方法等に注意する。
	質的×質的	二元表	折れ線グラフ	資料の分類整理		4	
		帯グラフ	円グラフ	帯グラフと円グラフ		5	
			ドットプロット（柱状図）	散らばり　分布の見方　代表値（平均）		6	
量的データ	質的×量的	度数分布表	柱状グラフ（ヒストグラム）	度数分布　資料の整理　代表値（平均値，中央値，最頻値）	中学校	1	Problem II—Plan II—Data—Analysis—Conclusion
			箱ひげ図	四分位数		2	Problem II：統計的でない問題からはじまり，統計的問題への設定を要する。
							Plan II：変数を自ら想定し，収集方法等も検討する。
				標本調査（標本，母集団）		3	Problem II—Plan III—Data—Analysis—Conclusion
							Plan III：標本調査によるデータ収集方法を計画する。
			（箱ひげ図）	データの分析（四分位偏差）	高等学校	1	すべてのプロセスを経て，統計的問題解決を行う。
	量的×量的	散布図	相関図	データの分析（分散，標準偏差，相関，相関係数）		3	Problem I/II—Plan II/III—Data—Analysis—Conclusion　Problem I/II 及び Plan II/III は，指導のねらいに応じて，適宜，選択する。

図 10.18　付録：新教育課程編成に向けた統計教育課程の系統案
（日本数学教育学会「資料の活用」検討 WG 2014, p.12）

(1) データの散らばりの取扱い

　前学習指導要領では高等学校「数学 A」で扱っていた，箱ひげ図は，平成 29 年告示の学習指導要領から，中学校第 2 学年において新規内容として扱う（表 10.1）。前述の「提言 2：箱ひげ図に係わるグラフ表現を複数学年に位置づける」にあるように，箱ひげ図に係わるグラフ表現の 1 つにドットプロットがある。また，「提言 3：テクノロジー利用を前提とした，ビッグデータや実データを扱う指導」にあるような，実データを扱う指導として，小学校第 6 学年のドットプロットの扱いで，データの散らばりの様子をとらえることが容易であることが例証されている（清田他 2021）。

　小学校算数教科書では，ドットプロットの導入において，データの通し番号をドットとして表している（図 10.19）。連続データでも数値データに目を向けてデータの散らばりを見ることができるように工夫して，中央値や最頻値といった代表値を取り扱う。

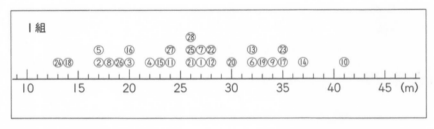

図 10.19　算数教科書におけるドットプロットの取扱い（清水他 2020, p.75）

　中学校教科書の電子教科書では，個数の異なるデータセットに対して，箱ひげ図とヒストグラムを作成し，両者の関係を話題にしている（図 10.20）。

　ヒストグラムと箱ひげ図をみると，ヒストグラムの山の位置と，箱ひげ図の箱の位置がだいたい対応している。なお，箱ひげ図の箱の大きさは，データの散らばり度合いを表している。また，ヒストグラムのすそにあたる部分が，箱ひげ図のひげに対応している。ヒストグラムのすそが左に伸びていれば，箱ひげ図のひげも左に伸びる。

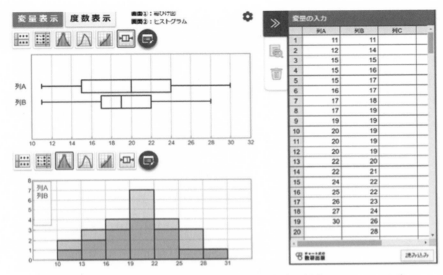

図 10.20　箱ひげ図とヒストグラムの関係（岡部他 2021, p.180）

　前学習指導要領では，高等学校の科目「数学Ⅰ」において箱ひげ図を取扱っていた。平成 29・30 年告示の学習指導要領では，箱ひげ図は，中学校第 2 学年と「数学Ⅰ」で取扱う。「数学Ⅰ」では，データの散らばりを表すグラフ表現などを組み合わせる（例えば，箱ひげ図と散布図）等して，「『質的データ』と『量的データ』の双方や，複数の『質的データ』や『量的データ』が紐づけられた複数の種類のデータを取り扱う。（文部科学省 2019, p.46）」

(2)　標本調査

　標本調査では，母集団全体の数量を推測する問題として，池全体のコイの数を推定する問題を取り上げることがある（澤田・坂井 2016, p.229）。

【例】ある池にいるコイの数を調べるために，池のいろいろな場所でコイを 50 匹捕まえ，そのすべてに印をつけて，もとの池にかえした。10 日後，再びコイを 70 匹捕まえたところ，印のついたコイが 10 匹ふくまれていた。

　この池にいるコイのおよその数を推測しなさい。

　この池にいるコイの数をおよそ x 匹とすると，$x : 50 = 70 : 10$

これを解くと，$x = 350$ となるので，およそ 350 匹。

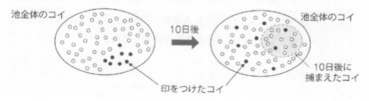

　10日後に捕まえたことから，コイを無作為に抽出したものとみなすことができる。したがって，池全体のコイと10日後に捕まえたコイで，印のついたコイの割合はおよそ等しい。

図10.21　池全体のコイの数を推定する問題の考え方
（澤田・坂井 2016，p.229）

　この問題を解決する際，標本調査のアイデア（文部科学省 2018，p.10）が大事になる。池全体のコイの数を求める際に，はじめに捕まえた50匹のコイや，10日後に捕まえた70匹のコイといった統計的なデータと，印のついたコイの割合を求める際の確率的なばらつきを統合することで，印のついたコイの割合は同様に確からしいことに着目して，池全体のコイの数を推定する。この考え方では，「標本が母集団の特徴を的確に反映するように偏りなく抽出するための代表的な方法」（文部科学省 2018b，p.156）である無作為抽出が前提となっている。このような調査は，生態学（個体群生態学など）の分野で，生物の個体数の変動のメカニズムなどを研究する際におこなわれていて，捕獲再捕獲法（標識再捕獲法）と呼ぶ（松嵜 2019）。

(3)　統計的探究プロセス（PPDAC サイクル）

問題	・問題の把握	・問題設定
計画	・データの想定	・収集計画
データ	・データの収集	・表への整理
分析	・グラフの作成	・特徴や傾向の把握
結論	・結論付け	・振り返り

図10.22　統計的探究プロセス（文部科学省 2019，p.45）

　文部科学省（2019）は，『高等学校学習指導要領（平成30年告示）解説 数学編 理数編』において，「問題−計画−データ−分析−結論」の五つの段階からな

る統計的探究プロセスを意識した，統計的な問題解決の活動が大切にされている（p.45）」と記している。

　Wild and Pfannkuch（1999）は，統計的思考の枠組みを，次の4つの次元で説明している：次元1は，5つの相の役割・機能の把握に関するもので，探究サイクル（investigative cycle）である（図10.23）。「PPDACサイクルは，幅広い『現実的』問題に基づく統計的問題を抽象化して解決することと関係している。（p.225）」次元2は，思考の型（types of thinking）の発揮に関するもので，統計的文脈において適用される「一般的な型」と統計的思考の基本的な型（基礎）を構成要素としている。次元3は，絶えず用いられる包括的な思考のプロセスに関するもので，尋問的サイクル（interrogative cycle）である。次元4は，次元1から次元3を支える態度（disposition）である。

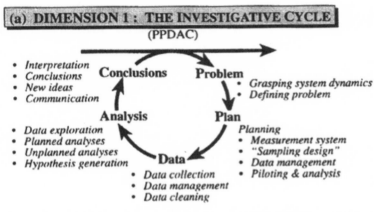

図10.23　PPDACサイクル（Wild & Pfannkuch 1999, p.226）

研究課題

1. 現代化期の小学校算数科における「確率の考え」を参考にして，小・中・高等学校の学習のつながりを踏まえた，確率指導の可能性と課題について考究せよ。

2. 条件付き確率の問題として有名な「モンティ・ホール問題」を解き，数学授業で取り上げる際に留意すべき点について指摘せよ（例えば，石橋2000；今野・

松原 2019 参照）。

3. データの散らばりの大まかなようすがわかる箱ひげ図の取扱いについて，小・中・高等学校の学習のつながりを踏まえて，ドットプロットとヒストグラムの取扱いと比較して説明せよ。

4. 統計的探究プロセス（PPDAC サイクル）にもとづく教材を作成し，図 10.22 や図 10.23 にしたがい統計的な問題解決の活動を説明せよ。

引用・参考文献

秋月康夫ほか 19 名（1974）『改訂 小学校 新算数 6 年 2』大日本図書，東京

安藤洋美（2007）『確率論の黎明』現代数学社，京都

本間太陽・松嵜昭雄（2019）「昭和 43 年改訂学習指導要領における「確率の考え」の再考に向けた一考察－『小学校算数指導書』における確率の指導上の留意点に着目して－」2019 年度第 23 回数学教育学会大学院生等発表会予稿集，pp.22-26

石橋一昂（2000）「『確率は事象についての情報に対して適用される』という認識を育む教授単元の一考察」日本数学教育学会誌，102(5)，pp25－33.

日本数学教育学会編（2000）『和英／英和 算数・数学用語活用事典』東洋館出版，東京

日本数学教育学会「資料の活用」検討 WG 松嵜昭雄・金本良通・大根田裕青山和裕他 5 名（2014）「新教育課程編成に向けた系統的な統計指導の提言－義務教育段階から高等学校第 1 学年までを対象として－」日本数学教育学会誌，96（1・2），pp.2-12・pp.2-12.

Karen N. Bell（2006）Easy parcheesi，Teaching Children Mathematics，12，Issue6: pp.312-322

清田陽平・鳩貝利惠・松嵜昭雄（2021）「ドットプロットによるデータの散らばりの様子の児童の捉え－2 クラスの 50 m 走の実際の記録を用いた比較を通じて－」日本数学教育学会第 103 回全国算数・数学教育研究（埼玉）大会発表要旨集，p.81

松嵜昭雄（2015）「2 章 数学的モデリングと統計的探究プロセス」；岸本忠之編著「身近な題材で始める算数教材作り－資料の整理と読みの力を伸ばす授業プラン－」明治図書，東京，pp.23-28

松嵜昭雄（2019）「3 年－⑧ 標本調査」教育科学／数学教育，No.746，pp.84-89

松嵜昭雄・大谷洋貴・青山和裕・福田博人（2019）「第8章 確率・統計分野に関する内容構成〔中・高〕」；岩崎秀樹・溝口達也編著「新しい数学教育の理論と実践」ミネルヴァ書房，京都，pp.209-238

木村直之編集（2018）『ニュートン別冊 統計と確率 改訂版－よりよい判断をするための数学－』ニュートンプレス，東京

今野紀雄・松原望（2019）「1 社会を支える統計」；木村直之編集「ニュートン別冊 数学の世界 現代編－ベイズ統計，フーリエ解析，ブロックチェーン，本当に役立つ数学の話－」ニュートンプレス，東京，pp.4-35

文部省（1969）『小学校算数指導書』大阪書籍，大阪

文部科学省（2018a）『小学校学習指導要領（平成29年告示）解説 算数編』日本文教出版，大阪

文部科学省（2018b）『中学校学習指導要領（平成29年告示）解説 数学編』日本文教出版，大阪

文部科学省（2019）『高等学校学習指導要領（平成30年告示）解説 数学編 理数編』学校図書，東京

文部科学省・国立教育政策研究所（2012）「平成24年度全国学力・学習状況調査【中学校】報告書」
https://www.nier.go.jp/12chousakekkahoukoku/04chuu－gaiyou/ 24_chuu_houkokusyo_ikkatsu_2.pdf （2021年8月31日確認）

文部科学省・国立教育政策研究所（2017）『平成29年度全国学力・学習状況調査【中学校数学】報告書－児童生徒一人一人の学力・学習状況に応じた学習指導の改善・充実に向けて－」
https://www.nier.go.jp/17chousakekkahoukoku/report/data/17mmath.pdf （2021年8月31日確認）

文部科学省・国立教育政策研究所（2018）「平成30年度全国学力・学習状況調査【中学校数学】報告書－児童生徒一人一人の学力・学習状況に応じた学習指導の改善・充実に向けて－」
https://www.nier.go.jp/18chousakekkahoukoku/report/data/18mmath.pdf （2021年8月31日確認）

国立教育政策研究所編（2004）『生きるための知識と技能－OECD 生徒の学習到達度調査（PISA）2003 年調査国際結果報告書－』ぎょうせい，東京

国立教育政策研究所教育課程研究センター（2017）「平成 29 年度全国学力・学習状況調査の結果を踏まえた授業アイディア例 中学校」
https://www.nier.go.jp/17chousakekkahoukoku/report/data/17mmath.pdf（2021 年 8 月 31 日確認）

経済協力開発機構（OECD）編著（2010）国立教育政策研究所監訳『PISA の問題できるかな？－OECD 生徒の学習到達度調査』明石書店，東京

岡部恒治ほか 41 名（2021）『日々の学びに数学的な見方・考え方をはたらかせるこれからの数学 2』数研出版，東京

澤田利夫・坂井裕ほか 22 名（2016）『中学 数学 3』教育出版，東京

清水静海・根上生也・寺垣内政一・矢部敏昭ほか 120 名（2020）『わくわく算数 6』啓林館，大阪

日本学術会議・数理科学委員会数理科学分野の参照基準検討分科会（2013）「大学教育の分野別質保証のための教育課程編成上の参照基準数理科学分野」
http://www.scj.go.jp/ja/info/kohyo/pdf/kohyo－22－h130918.pdf（2021 年 8 月 31 日確認）

園信太郎（2010）「根元事象の定義について」經濟學研究，60(2)，pp.1-2.

Wild, C. J., & Pfannkuch, M.（1999）Statistical thinking in empirical enquiry, International Statistical Review, 67, Issue3: pp.223-265

索　引

Memorandum

Memorandum

執筆者紹介（執筆順，執筆担当）

黒田恭史（くろだ　やすふみ）　　編者，第 1 章，第 4 章

1990 年　大阪教育大学大学院教育学研究科修士課程修了

2005 年　大阪大学大学院人間科学研究科博士後期課程修了

2005 年　博士（人間科学）大阪大学

現　　在　京都教育大学教育学部教授

専　　攻　数学教育学，神経科学

編著書　『数学教育実践入門』（共立出版，2014）

富永雅（とみなが　まさる）　　第 2 章

1996 年　大阪教育大学大学院教育学研究科修士課程修了

2002 年　新潟大学大学院自然科学研究科博士後期課程修了

2002 年　博士（理学）新潟大学

現　　在　大阪教育大学教育学部准教授

専　　攻　数学教育学，関数解析学

岡本尚子（おかもと　なおこ）　　第 3 章

2007 年　大阪大学大学院人間科学研究科博士前期課程修了

2010 年　大阪大学大学院人間科学研究科博士後期課程修了

2010 年　博士（人間科学）大阪大学

現　　在　立命館大学産業社会学部准教授

専　　攻　教育工学，数学教育学

著　　書　『神経科学による学習メカニズムの解明―算数・数学教育へのアプローチ』
　　　　　（ミネルヴァ書房，2011）

御園真史（みその　ただし）　　第 3 章

2006 年　東京工業大学大学院社会理工学研究科修士課程修了

2009 年　東京工業大学大学院社会理工学研究科博士後期課程修了

2009 年　博士（学術）東京工業大学

現　　在　島根大学学術研究院教育学系准教授

専　　攻　数学教育学，教育工学

訳　　書　『パワフル・ラーニング』（第 3 章），（北大路書房，2017）

北島茂樹（きたじま　しげき）　第4章

2001 年　筑波大学大学院教育研究科修了

2001 年　修士（教育学）筑波大学

現　在　明星大学教育学部教授

専　攻　数学教育学，教育方法学

編著書　『中学校数学科 ユニバーサルデザインの授業プラン 30』（明治図書，2018）

星野孝雄（ほしの　たかお）　第4章

1980 年　東京学芸大学教育学部卒業

1980 年　学士（教育学）東京学芸大学

現　在　明星大学教育学部特任教授

専　攻　数学教育学，教育工学

葛城元（かつらぎ　つかさ）　第5章

2018 年　京都教育大学大学院教育学研究科修士課程修了

2018 年　修士（教育学）京都教育大学

現　在　京都教育大学附属高等学校教諭

専　攻　数学教育学

守屋誠司（もりや　せいじ）　第6章

1988 年　神戸大学大学院教育学研究科修士課程修了

2000 年　東北大学大学院情報科学研究科博士後期課程修了

2000 年　博士（情報科学）東北大学

現　在　玉川大学教育学部教授

専　攻　数学教育学，教育工学

編著書　『算数を中心とする情報教育の展開』（明治図書，2003）

吉村昇（よしむら　のぼる）　第7章

1998 年　大阪教育大学大学院教育学研究科修士課程修了

1998 年　修士（教育学）大阪教育大学

現　在　熊本大学大学院教育学研究科准教授

専　攻　数学教育学，認知科学

河崎哲嗣（かわさき　てつし）　　第8章

2002 年	京都教育大学大学院教育学研究科（修士課程）修了
2016 年	大阪大学人間科学研究科博士後期課程修了
2016 年	博士（人間科学）大阪大学
現　在	東海国立大学機構 岐阜大学教育学部准教授
専　攻	数学教育学，教育工学

成川康男（なるかわ　やすお）　　第9章

1990 年	東京工業大学総合理工学研究科修士課程修了
1998 年	東京工業大学総合理工学研究科博士後期課程修了
1998 年	博士（理学）東京工業大学
現　在	玉川大学工学部教授
専　攻	知能情報学，数学教育学
共編著	"Non-Additive Measures: Theory and Applications" (Springer，2014)

松嵜昭雄（まつざき　あきお）　　第10章

1999 年	筑波大学大学院修士課程教育研究科修了
2005 年	筑波大学大学院博士課程教育学研究科単位取得満期退学
2015 年	東京理科大学大学院科学教育研究科博士後期課程修了
2015 年	博士（学術）東京理科大学
現　在	埼玉大学教育学部准教授
専　攻	数学教育学（モデリング）
著　書	『原場面に着目した数学的モデリング能力に関する研究－フッサール現象学の方法と応用反応分析マップを援用して－』（共立出版，2018）

中等数学科教育法序論

(*Introduction of Mathematical Teaching Method for High School*)

2022 年 3 月 15 日　初版第 1 刷発行
2023 年 9 月 10 日　初版第 2 刷発行

検印廃止

NDC 410.7, 375.413, 375.414

ISBN 978-4-320-11466-1

編著者　黒田恭史　　　©2022

発行者　南條光章

発行所　**共立出版株式会社**

〒 112-0006
東京都文京区小日向 4-6-19
電話　03-3947-2511 （代表）
振替口座　00110-2-57035
URL　www.kyoritsu-pub.co.jp/

印　刷　新日本印刷
製　本　ブロケード

一般社団法人
自然科学書協会
会員

Printed in Japan